10 Principles of Good Interior Design

室内设计 10 原则

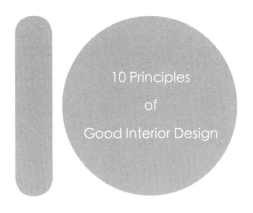

10 Principles
of
Good Interior Design

〔英〕文尼·李（Vinny Lee）著　周瑞婷 译

山东画报出版社

目 录
Contents

Introduction

前 言

好设计创造位置感

家居装饰绝对堪称一项伤脑筋的任务，不少人为此费尽心思。他们翻遍了杂志，仔细研究最钟爱绘画的色彩，甚至连地毯和窗帘都没有放过，为的是从中汲取灵感。然而从整体布局的角度看，确实存在很多棘手的问题。家具的选取及摆放，为的不仅仅是房间布局的舒适温馨，还有进退自如的宽裕空间。不过，万事开头难。

一个混合了材质、色彩和式样的装修方案会使房间更有趣味，给人更多享受。

左页图
房间内家具的摆放十分重要，它可以形成或彰显特色，但是不能阻塞或阻止空间的自由流动。

艺术品无需静态摆放，一次次的挪动可以形成同一个地区的不同关注点，并不断改变框架的形状和大小。

左页图
扩展门框高度也会增加房间的整体视觉高度，同时用两扇窄门代替独扇门，会使房间看起来更加风趣和典雅。

从网络上、设计师，还有规划师那里能获得大量有效的资料，缤纷繁杂的实地考察亦是如此。但是本书旨在简易概括十个基本室内设计原则，降低读者理解及实际操作的难度，无论是从头开始设计，还是重塑原有空间。

倘若是从杂志上面选取些精美的悬挂窗帘或者家具，制定装饰计划的时候多参考一些色彩样本会很有帮助。此外，在记事本里面留下一些有用的电话号码、参考色彩及明细单，以便在不知所措的时候寻求帮助。

根据书中的章节标题可以列出一个方案，将高度、样式、风格都罗列出来，特别是独立性，因为这能赋予一幢公寓或一个房间以家的感觉。

左页图
具有装饰性的檐口或某个时期特点的壁炉等的建筑特色可以促成一个装修方案，为房间增加特色。

　　好设计会创造位置感，既有情趣，又有难忘的外观。建筑特点突出、色彩明亮、家居装饰摆放得体都称得上是好设计。最成功、最时尚的装饰莫过于将不同的建筑元素完美融合在一起，就像旧房翻新那样，现代的装饰之下透露着古典的韵味。

　　一个优秀的设计师会从每一个门或窗户上的线脚上面使人印象深刻，而不仅仅是如人们穿衣似的外表华丽，但是如果给自己家的装饰配置物件的时候，就要合理搭配不同元素，这样看起来更有大师手笔。这同样适用于装修房间，你对方案的解读和调整会彰显独特性。

　　切记，不要被众多的方案和大量的信息搞得不知所措。觉得合适了再行动。记住：没必要刻意彰显，柔和的明暗光线、简洁的家具外加少量精致的装饰让房间更有舒适感。

左页图
　　面朝房门，衣橱上的镜子将卫生间里的光照反射进室内，无窗的空间顿时明亮有趣起来。

Purpose and Function

原则 1　目的和功能

评估你的空间

　　室内设计的首要原则之一便是符合我们的使用目的，因此我们一开始就要进行评估，确定如何更好地利用这间房子。

　　一眼看去，房间无论大小，很重要的一点就是确定它的用途。想想这几个基本问题：这间房子是像淋浴室这样的单一用途，还是像厨房客厅一体化这样的双重用途？

　　类似上述问题，有些要根据我们生活的风格——倘若不喜欢在同一间屋子既烹饪又消遣的话，就没必要把厨房设计得那么大，留出一些空间容纳其他的用途，像

　　走廊或过道可以成为写家庭作业或家庭办公的书房；此处明亮的自然光使之成为摆放桌子的理想之地。

　　左页图
　　可以在一个过高的房间内建造中间夹层或分屏来降低视觉上与天花板的距离，并可以提供有效的额外居住空间。

是洗衣间或者储藏室这种可以存放大量东西的地方。

　　话又说回来，要是厨房很小却又要让其满足日常起居的要求，可不可以把储藏室或者洗衣机烘干机挪出去，腾出地方摆放些桌椅？使用可折叠的桌子不是更好吗？不需要的时候放到一边去，这样就留出空间来了。

　　如果你有一个大家庭，难免会遇到大家同时出门又同时在家的情况，那么多一个浴池或多一个浴室都可以避免频繁地使用主浴室。浴室或浴池可以设在一些不常用到的地方，像是倾斜向上的楼梯下面，甚至可以设在卧室内，像是围起一个屏障，在墙壁中间或下面嵌入浴池槽，或是采用磨砂玻璃来遮挡。

　　房间的朝向不仅影响到采光效果，还会影响到房间的功能效果。例如：早晨的太阳就会直射进朝东的房间，使房间明亮，有助于早起；对于晚睡晚起型的人来说，朝西的房间是最佳选择。

　　这样一来，对房间的分类概述让我们了解了房间的性质，进而决定了如何最大限度地有效利用其性能。

上页图
　　在这个线形房间内，沙发沿窗户对面的墙体摆放，以便坐在沙发上的人可以欣赏到自然风景，享受太阳光照。壁炉建在房间内的斜墙上，形成一个焦点。

　　开敞布置的线形房间很难布置家居，此处客厅与书房紧贴窗户分布，以便接收太阳光，大多在晚上使用的餐厅位于光线较暗的房间中心地区。

细说房间 Room by Room

客 厅

客厅应该体现两点：一是总体看起来非常像一个公开化、社交化的场所，为的是朋友、客人、熟人、生人都可以在这里尽情说笑；二是可以看作是自己放松的私人场所。

在这样的地方，家具的设计要依照既舒适又轻巧的原则。客厅里可以摆放一个大沙发，虽然不好搬移，但是可以提供座位，满足多人需要，也满足夫妻休息的需要，也可以拿两把轻巧的椅子，不用的时候就贴着墙放。

看电视电影，肯定要选择距离窗户远一些、光线较为暗淡的地方，阳光的直射经过屏幕反射会影响荧屏的清晰度。但是我们阅读学习的时候，除了座位要舒适、环境要适合、桌子要靠墙之外，自然光的射入也是必需的。

右页图

书房可能设在又小又不便使用的地方，甚至设在带有斜面屋顶的阁楼里。因为天花板要超过椅子一头高的距离，座位可以放在天花板较低部分的下面。

在这个走廊里，两列架子和储物篮分别放在散热器的一边，散热器的前边是一条长凳，以便人们坐在凳上穿上或者脱下鞋子或外出的衣服。

左页图
厨房最里面的区域摆放长条座椅，其下是储物抽屉，创造出自由座位区。

厨房与餐厅

厨房在区位上的主要考虑因素就是内部布局，因为接水口和排污口都需要放在外墙以外。因此在厨房装修时要充分考虑材料的耐热性和卫生程度。通风效果是另一个值得考虑的基本因素，毕竟排除蒸汽、热量与残留气味是厨房的基本功能。于是早期设计的时候就应该把这些工作做到位。

从人体工程学的角度来看，厨房设计应当遵循"三角工作区"，以最大限度减少人们烹饪时归类食材、准备食材和灶台烹饪要来回穿梭的路程。三角形的边长太长就会放慢我们的烹饪速度，太短则显得拥挤甚至很难受。

三角形的三个顶点对应着的是水池、冰箱和灶台。两点之间最佳的距离大约在4 英尺（约合 1.21 米）到 9 英尺（约合 2.74 米）之间，这取决于厨房的大小。三角形周长保持在 12—26 英尺（约合 3.65—7.92 米）之间为最佳。这样我们做菜时既省力又进退自如。

设置单独一块区域或者一块吧台，对于非工作区、储藏区和非正式宴席的设置来说不失为一个好方法，还能巧妙地分割开厨房与正式就餐区。一块单独区域可以是一片方形，也可以是长条状的。具备较强的可移动性是当下最为流行的，特别是有滑轮锁定功能的，这样，我们就可以轻松地将其从一个地方转移到另一个地方，还可以根据需要适度改变其功能，像用作自助餐桌或者吧台什么的。这种灵活运用空间的优势很适合在厨房使用。

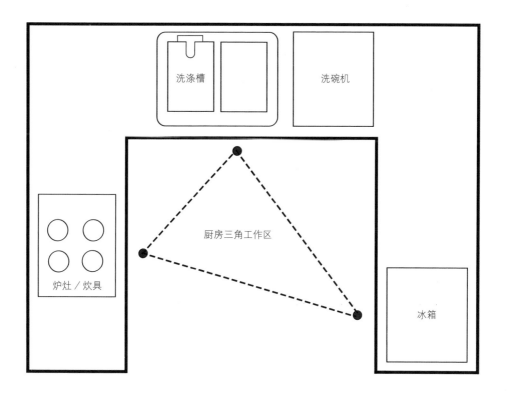

洗涤槽

洗碗机

炉灶／炊具

厨房三角工作区

冰箱

工作三角区旨在充分利用厨房内的空间，厨房的准备、烹饪和洗刷功能分别在三角区三个点上。

大厅和楼梯

我们对空间的感知深受我们进入其中的方式的影响——有道是"先入为主"——大厅入口和前厅最能给人留下深刻的印象。

大厅入口可以有很多种用途，除了作为入口这一本质作用以外，还可以摆放衣柜和鞋架，有的甚至可以放置自行车和滑板。要是走廊足够长的话，不妨在墙上悬挂一些油画之类的装饰物，毕竟它们不占地方，还能美化环境，增强空间感。

旧房子的走廊楼梯一般都鲜有自然光射入，为了防止出现意外，这里的灯光设计都匠心独运，看起来错落有致，很有位置感。

很多现代居民楼的楼梯处都扩大了天井的面积，于是阳光便毫无阻拦地从顶部的采光窗直射入楼内，节约了因上下楼开灯而消耗的能源。旧房子可以用 Perspex 有机玻璃拱顶或 Velux 窗户来替代天井采光窗。

左页图
这个独立区域的圆端在视觉上很有吸引力，同时保护碰到它的人免受伤害，因为它没有锋利的或尖尖的角。

　　另外一种增加走廊或楼道亮度的方法是用护栏或钢化透明玻璃代替扶梯实心板，可能需要使用高强度铁线做固定，当然前提是获得当地规划部门的许可。

　　倘若走廊很宽敞，将其用作书房或者儿童娱乐场所也不失为一个好主意，也不妨在走廊内设置一排包厢座，这样既营造了一个安静的阅读环境，又在座位下留出了实用的储物空间。

　　精心安装的灯具、有趣的艺术品和明亮的装饰方案可以使暗淡的无窗走廊变得非常吸引人。

左页图
　　加固的镶嵌玻璃可以在不阻挡风景或者太阳光射入的情况下给楼梯带来安全感，装饰灯凸显了楼梯的上升坡度。

专家建议 Expert Advice

卡伦·豪斯，Taylor Howes Designs 的创办人，曾荣获国际室内设计奖，www.thdesigns.co.uk

　　家居设计首要的是要弄清楚房屋的设计目的和功能用途。人们的生活方式和对空间的用途是设计的基础。虽说我们为此做了最充分的准备，事实上挑战无处不在。客户们的看法相对固定，那我们作为设计师就要有猎奇的眼光。

　　首先，画一张平面图，有助于我们更直观地将设计样式呈现给客户，将客户如何使用空间的想法视觉化。然后，才是光线、温度、视听效果、存放空间等等。

　　在 Taylor Howes，我们的设计既要华丽又要实用。我经常说，我们要比其他人更了解客户，比如床的大小，客户有多少双鞋、多少个提包，他们的娱乐方式，在哪里看电视，以及是喜欢泡澡还是淋浴等等。这些细微之处事关成败，所以一定要充分考虑。没有目的功能分析就做不好室内设计，成功的秘诀也正在于此。

右页图
想要一个舒适的卧室，床的布置非常重要；保持床周围的空间可以自由活动，以便自由出入。

卧　室

卧室的私密性很强，人们在这里放松休息或是卧床睡觉，于是要围绕这两大作用进行设计。设计时，储衣柜的位置很重要，但是通常来说，床的位置为重中之重，它受到窗户与门的双重影响。

很少有人愿意躺在紧贴窗户的床上睡觉，既冷又受风吹。若是视线不佳，将床放置在面向或者靠近窗户的地方较好，至少比在窗户底下要强。门最好朝向床，但是不能直对着床，所以尽可能不让床暴露在"众目睽睽"之下，尤其要避开走廊这条线。

为了方便上下床和床周边的一些行动，尤其是夜晚熄灯后的走动，床的两侧和底部不要设有障碍。大部分床头都是紧贴着墙，卧室若足够大就将床放在正中央。

很多卧室都有衣柜，有镶在墙里面的，也有摆在屋里面的。设计的时候要充分计算它对开关门的影响程度。倘若空间受限就安装拉门。如果空间是共享的或者卧室外面的走廊太"热闹"，我们大可在对着走廊且紧贴墙的地方摆放一个衣柜，这样声音就被隔绝在外了。倘若墙在暗面，还朝北，就在贴着墙的地方放置衣柜，减少室内与外界的热交换。

要是不想在卧室里面摆设衣柜，就把衣柜安置在辅助墙后面。搭建辅助墙需要一面透亮、用壁骨支撑的墙，将房间分成不同的区域，从而降低房间的整体大小，但是要建造一个独立、简易的入口区，用来挂衣服、放东西。

将床、床头柜、椅子、抽屉摆放完成之后，再考虑用一些其他的家具点缀房间，使之更加舒适。空间受限的情况下床头桌可以衔接在床头，或者使用像架子那样的轻质材料，对墙没有任何的安全副作用。

　　将床放在定制的又高又大的储物柜上，使卧室更加
紧凑，从而更方便上床，只需抬一小步即可。

卫生间

卫生间受到的位置限制和厨房有很大程度的类似。同厨房一样，进水口和排污口也会影响到卫生间里面水池、浴盆和淋浴的位置，表面建材要抗水淋易清洗。同走廊一样，卫生间不需要安装窗户，因此对于光源的有效利用就显得非常必要，用一些人工光源点缀能营造一种温馨的感觉。

上页图

有时可以将功能合并，比如大卧室里的卫生间或沐浴区可以合为一体，但是需要保持通风，避免建筑受潮，使房间内的纤维织物受到损坏。

右页图

潮湿的房间不适合在有限空间内安装淋浴，但是它们需要铺设能够将水排往主要出口的倾斜地面。

在一个家庭中，若夫妻俩同时准备洗漱，那么装配两个洗手盆可以节省时间，减少紧迫感。此处的拼装镶板增加了时代感并保护墙的下半部分避免被水溅湿。

右页图

通过使浴室从角落斜进房间，而不是与墙壁平行，
创造出多余的空间，卫生间看起来更耀眼、且与众不同。

很多的家庭热衷于多个卫生间，而且是淋浴与浴盆各占一间。淋浴用来每天洗澡使用，浴盆更多的是放松。卫生间只需占用相对较小的空间，再配上滑动式或折叠式门，而进出口处也无需太宽。浴盆大小不一，受限少，于是安装占地小深度大的浴盆成为可能，浴盆正上方还可以有淋浴。如此一来，占用面积小，适合卫生间面积不大的房子。

还有大量各种规格的抽水马桶不需要直接连入主管道。这些轻型装备大大方便了家庭装修，也使我们有了更多的创作空间。

左页图
弧形墙上安装有洗手盆和马桶，竭力省出几毫米的空间，创造一个大型浴室。

Style

原则 2　风格

找到一种风格，始终坚持

　　风格的定义为"通过艺术的形式将物体组合后而展现出的特有品味与内涵"。由此经过精心的排列组合，选定一种主色调或某个设计主题，将各式各样的家具构成一个完整的个体。

　　选择设计风格要受到如下因素影响：一是喜好的色彩；二是装修时家所在的位置；三是你现在拥有的家具。你或许更喜欢设计时信手拈来的感觉，不需要布局设计和色彩模式等复杂伤脑筋的工作，就把样式各异的元素完美融合在一起。要记住，有一条很重要：那就是找到让你舒适的风格，始终坚持。

左页图
　　一些风格由混合想法和影响演化而来，此处的部落羽毛帽、经典大理石小桌以及靠垫上的花毛毯被强烈而柔和的色彩模式组合到一起。

具有时代特色的风格 Period Style

一幢楼设计建造的时期所呈现的风格往往代表那个时期的流行装饰风格，这可以从房间里的家具和恰到好处的制作工艺看出来。不过每一个时期都会融合多种风格。

像英国的维多利亚时期，构造精美、陶瓷装饰盛行的哥特式文艺复兴建筑备受推崇；其中还容有威廉·莫里斯（William Morris）发起的艺术工艺运动风格，装饰华丽、镀金风行的法式风格和将埃及、希腊、意大利风格相互交融的复古式古典文艺复兴风格。所以每个时期有每个时期的选择。

每一个时期都有其偏好的色彩，这取决于当时的原材料色彩和染料。如今喷绘工人们运用现代技术，将现成的颜料合理搭配，比如国家信托大楼，就融合了不同历史时期的色彩搭配。

不同时代的壁纸也是好的参考。桑德森（Sanderson）依然使用威廉·莫里斯的设计，古典贵族式的条纹备受很多公司青睐。因此，用壁纸衬托特定风格不失为一个好办法。

左页图
一个简单装饰的拱门可以使房间瞬间具有东方感，拱门的形状与床头很相似。

当你调配合适色彩的时候，从一系列色彩中挑选能反映时代特色和流行风格趋势的，填充到家具构造当中。18世纪中叶由约西亚·韦奇伍德工厂发明的韦奇伍德蓝被广泛用于陶瓷上色，传统的乔治王时代艺术风格的房子同样用韦奇伍德蓝装饰粉刷。中国红风靡一时的时期，广泛地选用进口漆器上的中国红，配上中国韵味的刺绣与雕刻，在人们装饰家居上曾倍受青睐。

右页图
National Trust调色板受到从老房子和绘画中发现的色彩的启发。其中有很多直接借鉴了过去，在创造传统或经典风格的室内设计时，可以参考。

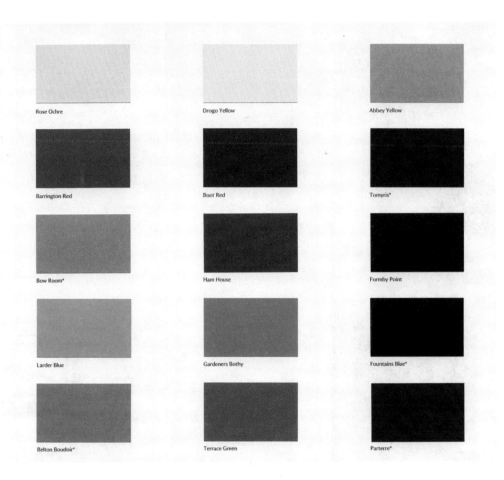

Rose Ochre

Drogo Yellow

Abbey Yellow

Barrington Red

Boot Red

Tomyris*

Bow Room*

Ham House

Formby Point

Larder Blue

Gardeners Bothy

Fountains Blue*

Belton Boudoir*

Terrace Green

Parterre*

20 世纪 50 年代的色彩色调较为柔和，设计师路西妮·戴（Lucienne Day）将其广泛用于纺织品，效果良好，路西妮的丈夫罗宾·戴则将其广泛用于家具。到了 60 年代，色彩变得浓重，一些看起来较有活力的橙色、紫色和亮粉色被应用于家具的塑料模具，以适应当时盛行的波普艺术。如果你想要遵循特殊时期的风格，则需要深入调查色彩类型及设计年代。

左页图
这个房间有很多独创特色，包括华丽的抹灰挑檐、镶框式的百叶窗和精致的带图案的镶木地板，具有鲜明的时代感和风格感。

艺术品、材料或地毯

风格或外观往往都是先入为主的，例如画作或者地毯。画作的色彩搭配会促进对比色的创造，进而凸显主体。

例如房间里面的一幅现代、明亮的抽象派油画会因为周围白色的墙而格外显眼，进而成为焦点。同时为了与此抽象作品的风格保持一致，现代家具为最佳选择。倘若墙是白色的，那么作为衬托，靠垫之类的东西应当与油画一致。

如果房屋正中央的地面上有一片很大的地毯，可以依据其图案确定色彩。如果主体色彩很深，那么其衬托色彩就要淡一些。

左页图
源于 19 世纪初期的高雅的 Biedermeier 式的沙发放在现代矮石桌椅旁边，因为木制基调是相似的，其他的装饰很简单，使高雅的沙发更具欣赏价值。

本国或者异国风格

纵观整个历史，异国风格总能增添一些传奇色彩。中国、印度和日本的纺织、陶瓷，非洲及墨西哥的编篮工艺……这些主题能为房间增添情趣。

这些异国元素的点缀，处理起来要格外留心，千万不要将房间弄成了度假纪念场所。选择一些少而精的物品，也就一两个，用在靠垫遮罩上面，不要贪多，点到即可。

　　床头上悬挂的艺术品的色彩和抽象的成分是色彩方案的关键部分，整个房间也选用了同种色调的壁纸来达到匹配的效果。

非特殊风格

除专一地选取某种外观或时期特点的设计外，你还可以尝试艺术混合的手法，像"古典糅合抽象"或"现代结合"带给人们既有现代风又有复古风的印象，同时又是那么地耐人回味。

上页图
虽然厨房设计在现代居室环境中，但风格仍保留了当时的特点。以石灰白为主色调的墙壁涂料，具有柔和的明暗度；传统外观的微波炉，复古的晾衣架，都增添了古典韵味。

　　有时，舒适可能是装修方案中的主导因素，一个可以躺在上面看书或看电影的又大又舒服的沙发可能是设计的出发点，以安静的色彩为特色的方案也由此产生。

　　将不同时期不同风格的家具融合到一起的时候，织物和墙纸的选取要格外在意。无论是丰富的图案还是一片单色彩的窗帘，平淡无奇还是绚丽斑斓的地面设计，权衡这些风格的使用尺度十分重要。这样，才会呈现在我们眼前一个安静平和的房间，而不是一片各种风格混乱拼凑的大杂烩。

右页图
　　将乡村的屋梁与现代家具装饰融合在矮小的空间内收到了很好的效果。

专家建议 Expert Advice

露露·利特尔（Lulu Lytle），伦敦 soane Britain 创始人，
www.soane.co.uk，www.soaneantiques.co.uk

　　没有任何人希望自己的设计风格与他人雷同。事实上，你很难给它下定义，但是对于我来说，我必须知道它意味着什么。说到底，风格不是做出来的，而是感觉出来的，是一种油然而生的感觉。

　　它是无形的，你很难勾勒出它的形状。好的风格设计师总能用最简洁的方法将自己的所见所闻所感清晰地表达出来。

　　从视觉层次上来看，有无风格是对房间的一种分类方式。它或许真的能做到完美，不过，它真的有生命力、有灵魂吗？没有硬性规定说怎样才能使房间风格明显：开放也好，矜持也罢；绚丽也好，朴素也罢；荒诞派也好，小清新也罢。总之，这些都是相对而言的，它们反映出的是设计者的构思而不是需求。每一个风格独特的房间都具有错落有致、比例协调的共性。

独创风格

如今有相当数量的设计师和装饰能手投身于自己的独创风格，这些风格的魅力就在于它们能从千篇一律的样式中脱颖而出。

为我们所熟知的风格独创者之一是美国人艾尔西·德·伍尔夫 (Elsie de Wolf)，她破除了维多利亚时代样式拘谨、色彩灰暗的特点，增添了如豹纹般舒适的斑点，并且将大量喜气一点的白色融入其中。

左页图
在这个乡村厨房里，从精致的木桌到柳树图案的盘子和碟子、炉火上方横梁上的雉羽……家具和装饰品都非常简单。

　　另外一位独创者要数美国人茜斯特·帕里斯 (Dorothy Parrish)。她将美国乡村风格融合到靠背椅上面，以装饰华丽、面料图案多和错落有致的被子而闻名。她曾经因为是第一位受杰奎琳·肯尼迪 (Jacqueline Kennedy) 的邀请为白宫做室内装饰的设计师，她的作品同样也可在橙黄椭圆厅 (Yellow Oval Room) 和家庭餐厅 (Family Dining Room) 见到。

　　虽说后两者都是包厢，却也可从中看出她对于光线色彩的运用，特别是黄色和所谓的破旧的别致。她将一些废旧物品整合加以利用，设计出别有情趣的物品，的确比用模子刻出来的要好看得多。

　　法国现代设计师安德烈·普特曼 (Andrée Putman) 擅于使用单一色调，像黑白搭配，看起来简洁庄重。有人说这其实就是强调线条清晰、图形几何化的美国装饰派艺术风格的现代翻版。意大利人乔治·阿玛尼的名声在外是缘于他的时尚设计里里外外都流露着别致与富贵，给人的印象是色彩的精妙与柔和。

　　市场上有很多书是关于培养顶级设计师的。倘若你钟爱这里面的风格，不妨多留意其中的图片及言简意赅的介绍。

着色的木制镶板和磨旧的石板地面显示了家具的时代背景,家具融合了现代和旧时的特色,但外形和谐古典。

由棕色、奶油色和蓝色构成的简单调色板大量用在
朴素的色彩和各种宽度不一的条纹上，使房间看起来既
干净又有趣味。

左页图
挂在沙发上方墙壁上的海报的色彩与木制地板、室
内装饰材料和淡绿色绒线靠垫的色调相映成趣。

Space and Shape

原则 3　空间和形状

室内设计必备的逻辑流程

室内设计必备的逻辑流程决定了我们可以轻松舒适地享受室内生活。要完成这些，你需要分析房型、测量面积，要摆放什么家具及家具放在哪里。

首先要搞清楚室内布局，然后以此根据它们之间的特性排列组合。例如，卧室与洗漱间通常连带使用，因此卧室和洗漱间也就一墙之隔。厨房与餐厅最好一体化或者紧邻，最好不会出现这样的情况：厨房里面做好的菜经过"长途奔袭"到餐厅，结果菜凉了。

这些案例都是显而易见的。对于多层房型或者别墅来说，洗衣间放在高层更加方便，特别是临近卧室和洗漱间，免除了为了晾衣服出来进去、上来下去的苦恼，否则一路上还会淋湿地面，要是水溅在铁上还会引起锈蚀。

左页图
移去天花板，打开六架椽，你可以获得一些有用的头高距离的空间，虽然屋顶需要具备极好的隔热性来防止热流失。

右图
书房和音乐室设置在阁楼，阳光可以通过两边的天窗透进来，同时不会破坏建筑的屋顶轮廓。

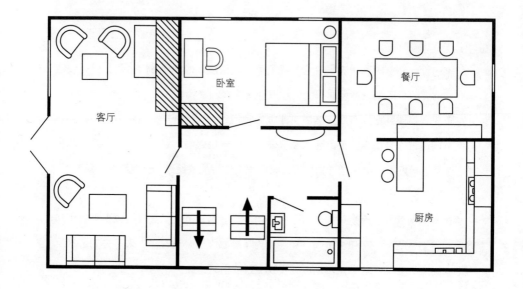

居家中，书房一般设在相对安静的上层，儿童娱乐场所多在底层，或者位置颠倒过来。这充分运用了上下层之间隔音效果良好的优势。如果一定要将书房设在上层或者阁楼里面，事先一定要确定插座足够用，便于使用小型冰箱和沏茶煮咖啡。

无论是物理空间上还是视觉上，在房子里面行走的时候，一定要留有一条通顺的过道，以便走动的时候不会觉得桌子椅子那么碍事。当你走进一间屋子的时候，会发现房间是如此宽敞、有序，很受大家欢迎。

整体布局确定之后，接下来就要留意家具的摆放方式了。记住：家具不要摆放得鳞次栉比，弄得屋子满满的，压抑得喘不过来气；实际摆放时要留有余地，这样也便于打扫。

　　坚实的食具柜充当了餐厅和抬高的厨房之间的隔墙。在一些地方，你无需真正建造一座隔墙，一件大家具、一个书架或屏风都可以充当房间隔墙。

左页图

　　这个基本的建筑平面图说明了住所内流动空间的原理。所有通往房间的门要容易打开，不受家具和其他障碍物的阻碍；你可以从公寓的一端穿到公寓的另一端，无需绕过脚凳、靠墙的小桌或椅子；客厅具有带有沙发和椅子的极大的娱乐空间，同时也具有只有两把椅子的小型私人空间。卧室里的床可以从两端上去，不能直接从门口看到。餐厅要使每个用餐者都能在不影响其他用餐者的情况下拿出椅子。这些是你在规划空间时需要考虑的全部因素。

倡若房间很小，可以摆放些线条滑润、质地轻盈的桌椅；不要把裙子放在椅子上，或将衣服放在桌子上、茶几上，否则这些会使房间看起来满满的。一定要让人们清晰看见地面的过道，椅子扶手与圆形桌子会增强室内的空间感。

在特定方向设计出一些线条能增加房间的宽度感和高度感。条形地板和地毯竖直铺设会使人觉得屋子深度深，横向则是增大视觉上的宽度。

另外一种最大限度地利用房屋空间的方式就是将家具置于房屋角落。有时你会发现，看起来很小的空间却容纳了很大的物体。例如，在一间狭长的房间里要放置一个正常尺寸的浴盆，将其摆放在墙角，而不是紧贴着墙或平行摆放，你就会发现这种视觉效果所带给人的舒适。

　　楼梯充当了厨房餐厅区与上部的客厅之间的可视屏
障。敞开的踏板和楼梯级数表明光可以从一端射向另一
端，营造出空旷感和空间感。

专家建议 Expert Advice

雅布·普塞尔伯格（Yabu Pushelberg），纽约和多伦多设计师，www.yabupushelberg.com

　　一间完全对称的房子给人以一种宁静感，每一件东西都是平衡的，每一件物品、艺术品和每一件家具都具有极佳的位置感。它们让我们感到舒适，我们来来往往穿梭其中觉得流畅，气氛和谐。就整个空间而言，最理想的结果是此类房间近似一致，以便体现出天花板的高度就是整个房间的高度，同时整个空间给人一种宽敞的感觉，既亲切又庄重。

　　反过来，要是整体空间不仅不对称，还"不按常理出牌"，那么就装饰一些非正式或者一些随意的物品。要是房间用来娱乐，家具应选择小巧零散的，比如沙发、座椅、咖啡桌，这些在整个房间里面起着重要作用。椅子放在其他地方即可。同理，可容纳多人的座位从视觉上平衡了屋内不规则的摆放，更加随意自然，无论是哪位客人来访，都能从此获得惬意的交流氛围。

　　将一个大房间化整为零令特殊形状的家具的使用成为可能，高矮不一的座位是不同家具风格相互融合的产物。在单一的场所里，房屋整体给人的感觉应该像社交中心那样轻松自如。这种方法能带来另一种自信与典雅。

上页图
　　将浴盆嵌入提升的地板，可以将窗户和风景一览无余。这种小巧但深嵌的浴盆也可以作为淋浴使用，淋浴设备就位于窗户之间。这种对空间机智经济的用法展现了如何在有限的空间内布置一个豪华的沐浴室。

　　宽敞、开放的房间能容得下较大的家具，但是亲切感、舒适感不足是它的短板。一些专业设计师巧妙地运用地毯将房间划分为若干个区域，于是各个区域依据地毯的划分有各自的功能，像座椅区、餐饮区、电视区、书房"各据一方"、互不干涉。

　　独立式的书柜和隔离屏同样起到化整为零的作用，靠背低一些的沙发亦是如此。如果房屋超大，错层不失为一个好方法，并且起到了将卧室、书房、居家办公室或者多媒体房间相互分离的作用，同时房间又不会显得过于空旷。

　　另一个设计师的设计能将庞大的书柜和固定茶几看起来小巧不笨重，这就是"阴影线"。这既是一个小的休息区，又是一个从顶端到底端的一块镂空区域，从视觉上来说，减少了房间的空旷感。

上图
　　这样的餐桌布置可以使人们获得休息的空间，自然光也可以通过头顶上的镶板透进来。在空间较大的区域，摆放定制的家具是最实用的选择。

左页图
　　在有限的空间内，需要考虑家具的大小和规模。此处选用轻便的桌子和长椅就可以，但带有坐垫的椅子和地面一样长的墙裙以及高靠背将光锁住，使空间看起来凌乱狭窄。

当你把房间位置和家具摆放顺序都罗列完之后，留意一下室内装饰品与窗帘的图案与色彩——为了让房间看起来比例协调，这样做很重要。

计算房间比例的时候有几条简单的规则，只需要一则简单的方程式即可。例如：房子很小，沙发却很大，几乎占据了1/3，可以说是主导了这个房间。第一，沙发呈红色，这样会使沙发主体显得更大；第二，红色为主，点缀些奶白色，使得红色减半，因为奶白色为中性色且不显眼；第三，沙发以奶白色为主，点缀些红色，红色呈抛物线形，占据十分之一的大小，这样整个房间显得更加宽敞而且安静。

上图
这个L型的低背沙发实际上是房间隔板，将厨房和客厅分隔开来，但是它并没有阻挡照进房间的阳光。

左页图
与标准的上升踩踏楼梯相比，安装螺旋楼梯占用的空间更少，在使用上层楼梯时，这就留出了占地面积，但要严格遵循规划和规则。

Light

原则 4　光照

共享的自然光线对眼睛更有益

本章我们重点讲几种不同类型的光；除了通过镜子和明亮的面板"利用"或"创造"光之外，还要让光"画"出具有创造性的艺术效果。好的照明是居家最好的装饰品，不过出于健康和安全的考虑，光线的采用既不能太刺眼，还要让人看清路。

房屋的整体效果往往取决于光的影响。日光的亮度足以照亮最暗的地方，但是它持续时间短、可控性差，电能光的亮度及方向都在我们的可控范围之内，因此被用来营造特定的氛围。

自然光可以共享，它对眼睛的伤害程度最低，有利于缓解用眼压力，因此最大限度挖掘自然光的优势显得尤为必要。在阳光下暴晒会因为曝光过度而显得白花花的，色彩不够饱满；这种情况可以使用百叶窗、轻纱或者纱窗帘加以改善。冬天的时候日光显得苍白略带一些灰蓝，使色彩看起来冷淡且灰暗。

人造光具有很好的装饰功能。此处好莱坞风格的灯泡与衣帽间的镜子非常协调，增加房间的魅力。

左页图
装有折叠门和侧窗的房间从大型玻璃天花板中受益良多，因此，阳光可以射进房间，桌上的景观也在不断变化。

有些地方几乎看不到自然光，于是将这里的光景尽可能放大就成了最好的选择。例如走廊过道和窗户很小的房间里面，正对着光的一面放上一面大小合适的镜子将阳光反射，就达到了增强光照的作用。窗户周围或者窗台上涂抹上一层白色物质，经过光照反射同样达到增强光亮的作用，把窗帘卷起固定到窗户的一侧，比起挂着窗帘要更使屋内明亮。

从发光二极管到钨丝灯，人工光可谓五花八门，发光二极管灯泡小而精，易弯曲，这种特点决定其可以用在架子底下或者弯曲弧面上，而且只需荧光灯四分之一的电量却能延长十倍的照射时间。

人工光色彩斑斓。例如卤化物灯丝发出的白光让人觉得亢奋和充满活力，但是休息区就不要用这样的装置了，况且这种白光容易晃眼。钨丝灯发出的光泛黄，这种黄色属于光谱里面的暖色调，但在这种灯光下蓝色呈现出来的却是绿色。因此，无论是自然光还是人工光，仔细研究其色彩带来的感觉和印象尤为重要。

　　这个地下厨房和餐厅里有很多层光：天花板上镶嵌
的照明器，一排顶灯在桌子上方形成了装饰性的影子，
厨房里的照明灯将光聚焦在工作区域内。

　　不同种类的光自然适用于不同的场合。像经典的 Anglepoise 万向灯通常容易调节方向，于是被广泛用于工作看书的照明，因为它清晰度高。像聚光灯这样的重点照明，一般用于突出房间里面的画作或者家具，这些光通常透过百叶窗或遮蔽物照进来，若是专用于照在某些特定物体上，会使这个物体得到突出显示。

　　环境照明同样不可忽略，大环境的背景照明亦是空间整体照明的一种。此类光包括悬挂在天花板上的主灯和点缀灯。总之，这更像洗涤光，将环境渲染了一番，突出了效果。

右页图
　　这个落地陈列的工作灯的上部角度可以调节，满足不同的需求，比如坐在椅子上读书或者需要照亮架子上的物品。

专家建议 Expert Advice

萨利·斯多丽 (Sally Storey)，伦敦约翰·库伦照明设计 (John Cullen Lighting) 设计师，LDI (Lighting Design International) 公司的创始人和设计总监，也是英国最具领导性的照明设计师之一，在照明设计领域，她是为数不多的女性之一，曾被英国的媒体誉为"照明第一夫人"。www.johncullenlighting.co.uk

　　照明是一种艺术感极强、功能强大的设计，如同魔术师一般，给无论是平面还是空间，营造出变幻莫测的意境。完整的一块大区域被划分成若干个开放式小区域，如此一来，既凸显了建筑特征，又彰显了装饰效果。

　　成功的照明设计能够通过方位和操控，平衡不同种类的光源和均衡每一种光带来的欣赏效果。为了达到这种动感光效，首先要理解哪些是光鲜亮丽的，哪些不是，然后才是如何平衡这两者的问题。不要担心阴影，相反，我们要巧妙地运用光线的效果，将侧影、阴影用作衬托亮丽的工具，最后调节它们之间的比例达到不同的效果。

　　在这套完美的方案里面，各式各样的光线效果被分在多个层次里面，这样根据我们对不同光线水平和光线质量的要求，营造出不同的氛围。不过它并不同时适用于所有的效果及同一亮度。

　　每一段光波应当分类处理，然后将其分别在不同层次加以融合，使之相互独立，这样可以随时自由调节室内情调。我更倾向于在走廊过道里面装饰一番，将整个墙装饰光鲜亮丽，或者装上一个可以充当聚光灯的小东西，如此一来，这些地方就不至于被遗忘了。光线方案除了用于营造气氛、渲染情绪之外，在设计上还要功能实用、工序精细和美轮美奂。

这个卫生间里有三处光源，分别是从窗户射进来的自然光、不透明的遮蔽物上的天花板吊灯和壁炉架上的蜡烛；每一种光源提供了不同层次、色彩和强度的照明。

右页图
装饰性的灯罩给狭长的走廊或过道带来了趣味和色彩。

　　天花板吊灯的装饰反映出的是一种风格，乃至一个时代。例如闪闪发光的罗曼蒂克风格的水晶吊灯和上世纪50年代的诺古奇或海宁根灯罩反映出那个时代的特点。在一些场合之下，中央吊灯的装饰在体现风格方面最为有效。

　　现代家庭里面天花板灯通常是卤光灯泡或者荧光灯管。有一些是固定的，有一些则是可变聚焦，或者直接照到书架或者柜子前面。此类型的光适用于天花板低、高度受限的房子。

　　光的位置同样影响到房间的样式。嵌入地板的落地灯若安置在椅子后面或者书架脚下会使物体显眼，于是光束会直射到墙上，引起人们对于天花板边檐的注意，凸显房间高度。

上图
　　刚硬的球所散发的光就像一件艺术品，成为了卫生间的一大亮点，但是依据安全条例，灯的开关需要安装在房间的外面，并请专业电工安装。

右页图
　　中间光芒四射的星状灯给其他素色设计方案增添了色彩和趣味，但由于它是一个老式的配件，需要根据现代标准进行重新安装电线。

像台灯这样的中等水平的光源，适合伏案工作的办公人士使用，有一些台灯会留有一些装饰性的阴影及色彩上的阴影，这些都会降低光线的强度和清晰度。落地灯、标准灯和悬挂在墙上的灯可以提供更高等水平的光源，通常用来增强光照的强度。当中心灯光或是天花板悬挂灯光较暗的时候，打开台灯能营造放松舒适的氛围，同时灯光还会聚焦在房间的中心，显得很醒目。

在没有窗户的浴室里面，你不妨在墙上安装一个木质框架，里面镶上压花玻璃，玻璃后面放上低耗能的灯。这种半透明的玻璃对光起到漫反射的作用，可以使光线扩散到室内每一个角落，看起来和白天差不多。这类装置安装时需要请专业人士操作，毕竟由水引起连电会酿成危险事故。

嵌在楼梯墙壁内的灯和上部扶栏后面架子上的灯给楼梯提供了装饰性灯光，并直接照在踏板上，方便人们看路。

左页图
在这间卧室里，一盏可调节的落地灯可以满足读书照明和室内普通照明。床尾处的镜子将自然光和人造光放大。

下顶图
这些优美的法国拱形门能够使阳光照进房间，又不会影响房间内的窗帘和木制百叶窗的优雅外形，百叶窗嵌在侧板里，在晚上的时候会展开，既保持了室内温暖，又保护了私人隐私。

　　另一个需要请专业人士安装灯具的地方是厨房，因为厨房总是有水，所以这样做十分必要。在厨房里，对光源需求最多的莫过于准备食材的地方。有了好的光线，就不用担心切到手，或者被开水、烤箱或壁炉烫到的危险了。

　　灯光可以按照绘画的方式运用，因为光束可以聚焦到玻璃品、雕塑和画作上面。同样，它可以让器具的阴影无限缩小，光鲜亮丽之处无限放大。在大一些的房间，光聚焦到某一特定地方会增加亲密感与舒适度。

　　调光器开关在调节气氛方面再方便不过了。我们看书、活动的时候就将光的亮度调大；反之，看电视或者晚间娱乐的时候就将其调暗。

左页图
　　在没有窗户的卫生间里，一块背景光板——不透明玻璃就会营造出有窗的效果，如果你安装一些彩色灯，在打开开关的那一刻，房间内的气氛会立马改变。

下页图
　　厨房里的工作照明十分重要，反照在铁架后面的后板上的光照亮了煤气灶和工作区。很多电器，比如冰箱和冰柜都配带完整的照明系统。

　　灯罩因其点缀的作用同样被用作增强室内设计风格。若是在一间样式平庸的房间里，倘若灯罩带有几种类型的色彩，那么无形中房间会增加一些情趣。

　　蜡烛亦是一种光源装饰，使用时应当小心，而且蜡烛光线柔软微弱，多用于桌子顶端和壁炉之处，此时的我们更多是在昏暗的地方小憩。蜡烛还可以用于桌子和架子上面，光照到玻璃上面形成反射会增加亮度，照到金银器具上面形成反射会增强物体光泽度。

Color

原则 5　色彩

色彩刺激我们的视觉和情绪

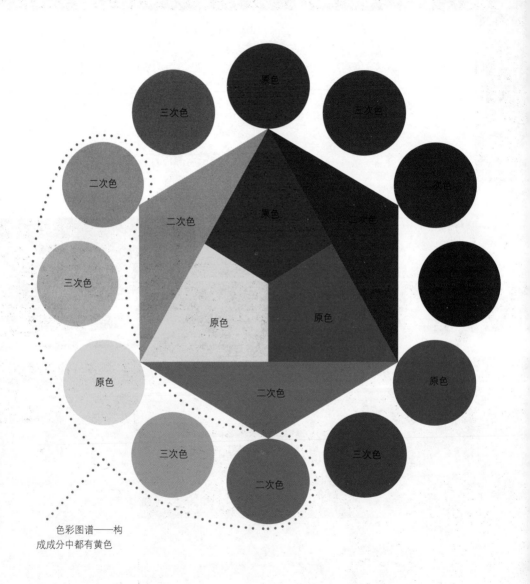

色彩图谱——构
成成分中都有黄色

要使房子有活力、舒适，了解最基本的色彩知识十分必要。搭配色调、亮度和线条的时候，就要对色彩的选择思索一番，这样才能给房间创造一个美好的形象。

色彩影响着我们的视觉和情绪，其作用比起装饰有过之而无不及，它在我们对周围事物的感知方面扮演着重要的角色。因此，选择合适的色调是营造温馨居家的重要一环。

色彩的增减很容易，有很多种方式，很多处理对象，涉及墙面、地板、布料、家具、装饰品、灯光等。在拓展房间空间或凸显某种特征的时候，色彩就是很好的工具。不仅如此，它还能起到弥补的作用，像是将一些地方"变废为宝"，例如，白色为底的墙壁上再涂上一层淡淡的樱草黄，就会使缺乏光亮的走廊瞬间变成明亮的会客厅，或者红底色能为偌大冷淡的场所增添温暖，让人感到亲切。

橙黄色的防溅台瞬间带给厨房视觉冲击，并与高档实木组合搭配协调，因为它们都是红黄底色。

左页图
色彩转盘展示了三基色，分别是红色、蓝色和黄色，由两种同等数量的色彩合成的紫色、绿色和橘色，以及由一种主色混合其他色彩形成的第三层色。左边圈出来的是一类色系，构成成分里都有黄色。

　　调色技术随着科技的发展，其范围和强度越来越适合我们使用。过去人们都是获取天然的染料，像是碎甲虫壳、矿石、植物根基、苔藓和青苔，但是这些涂料上色慢且在阳光之下容易褪色，显得暗淡无光，甚至会呈现石灰白色调。

　　在欧洲，蓝色多取自于菘蓝，多用于化妆品和纺织品染色。提炼出来的染料档次上面有很大差异，所以高质量的染料造价昂贵。中国帝后服装上庄重的黄色、妃嫔的紫色、贵族们使用的上等蓝色和古罗马时期仅供王公贵族使用的紫色就是很好的例子。

右页图
　　支柱不用非得涂上色彩，此处的水洗颜料使墙壁具有水一般的灵动感。用水将乳胶漆稀释后，再用海绵而不是刷子将其涂到墙上即可。

很多老布料、壁纸、塑料袋和墙面喷绘多暴露在外，故显得苍白与黯淡，最初的时候这些全是光鲜亮丽的。随着时间的流逝，色彩也渐渐褪去。

自 19 世纪中叶工业革命以来，科学工业的发展出现了保持色彩鲜艳度长久的颜料。威廉·佩尔金斯 1856 年在伦敦首次合成了现代染料，此前他发现了苯胺紫（泰尔紫），之后又从燃煤排放的废气里面提炼出了淡紫色焦油。

随后，德国于 1869 年人工合成了茜素红。20 世纪初，一种新型的煤焦油问世，化学合成了阴丹士林蓝，这种颜料上色快、色彩明亮，取代了传统的靛青。1956 年，英格兰的帝国化学工厂宣布，他们首次发明了化学纺织染料，这种基于纤维反应的着色物使用起来更加高效，色彩保持更加长久。

色彩被分为三组：原色、二次色和三次色。每一组在装饰方案中都扮演着自己的角色。

上页图

这个房间里布满了粉色和蓝色布料，但是墙上、天花板上、火炉附近以及窗帘设计大面积的白色起到了平衡作用，色彩的冲击力得到淡化。

右页图

楼梯间深红色地毯与黑色墙壁的对比格外引人注目，红色的光辉消除了黑色带来的压抑和消极。

纯色／原色 Pure and Primary

原色看起来活灵活现，用在家居里面显得华丽喜气，用白色或中性色调稀释除外，使用时应慎重。它多用于现代建筑。

红　色

红色彰显能量、激情和希望。过去，人们常在宽阔冷清的房间里面装饰红色以增加温暖的感觉。如今它也广泛用于装饰画廊墙壁，像是达伟奇画廊（Dulwich Picture Gallery）和伦敦 Piccadilly 大街上的皇家艺术学院。黑色或者金色物体常用红色涂抹框架，白或灰色大理石雕塑也会用红色作为背景色。在自然光稀少的走廊或入口处，红色可增加几分宾至如归的感觉。

黄　色

和红色一样，黄色也是一种暖色调。它是太阳的色彩，看起来十分喜气，故它的使用增添了几分光亮感。在白天，黄色的背景看起来光鲜亮丽，但是暴露在人工光源下会使其看起来如同泥巴一般不雅，所以它很少单独使用，多与其他色调相互配合。

右页图
这种明亮的报春花黄色是厨房里的一抹清新愉悦的色彩，增强了幸福感。

蓝 色

这是一种冷色调，因为它让人联想到蓝天，给人安静的感觉。位于华盛顿的美国总统办公地白宫就有一间蓝色的椭圆形房屋专门用于会客。客人们来到这里便被这里的环境所感染，觉得安静许多。不过蓝色的使用要格外慎重——因为它是冷色调，在北半球阳光稀少的地区，蓝色会使人感到忧郁和孤独。

上图
浴室内的蓝绿色加固玻璃采用了背光，看起来光辉闪耀，给同一色调的马赛克瓷砖以一种不同的外观。

右页图
人们有时把蓝色当作冷色调，但是蓝色加入几丝红色后会变得温暖静谧。

二次色 Secondary

二次色包括紫色、橙色和绿色。它之所以叫做二次色，是因为它是由两种原色混合而得。蓝色＋红色＝紫色，黄色＋红色＝橙色，蓝色＋黄色＝绿色。二次色的使用更有意味且功能性更强，这是它的复合性使然。

绿　色

绿色看起来清新自然，且用它作为标志性色彩的事物很多，像苹果、橄榄、苔藓、阿月浑子树和森林。鉴于绿色使人安静、放松的特点，电视录影棚和剧院都会首先考虑使用绿色，绿色会让演员们双眼不会疲劳，近些年来，候车室为了使乘客不产生双眼疲劳也多用绿色。

　　纯白色厨房看起来像诊所，但是一抹亮色就会改变
这种情况，此处的橘红色产生积极效果，因为房间宽阔，
采光又好，而且厨房表面也采用了亮面材质。

橙　色

这是一种暖色调，常被用作主色调，尤其在早期使用棕褐色的时候多用橙色与之搭配。没有多少人会清一色地使用这种色彩，多是在走廊入口处添加此种色彩。20世纪六七十年代，在金黄色尚未得到广泛使用之前，橙色广泛用于心理治疗和波普艺术，因为橙色看起来有深度和强度。

右页图
走廊或过道都是注入亮色的理想之地，这些区域几乎没有自然光射入，因此亮色的效果会更好。

专家建议 Expert Advice

约纳翰·阿德勒（Jonathan Adler），纽约陶瓷家兼艺术家，www.jonathanadler.com

　　很多人担心搭配不当而疏于使用多种色彩装饰居家。出于对品位的追求，他们规避风险、敷衍了事，于是房间色彩显得苍白，室内缺乏装饰。但对色彩运用不明白和不自信就应该居住在索然无味的大盒子里，这论点站不住脚。看到米色的墙面，我觉得万分可惜。色彩普通就是个性普通。所以这一切需要改变，鲜亮一些的色彩会令人愉悦。当你躺在惨白色的床上抽鼻烟的时候，你一定会想念紫红色的沙发。色彩会给人留下第一印象，调动起人们的情绪。

紫 色

紫色结合了红色的能量与蓝色的冷艳，在会客场所普遍得到使用。

上图

淡紫色的装饰墙为装饰简单的房间增光添彩。紫色
墙看起来安静舒服，适合客厅或卧室。

右页图

在这个装饰华丽的房间内，由于紫色墙的很大一部
分被挡住了，因此它的效果也减弱了。

黑色和白色 Black and White

相比其他色彩，黑色和白色更适合做背景，当两者混合使用的时候，就构成了单一的色调，让整个模板看起来别有一番韵味。

白色，用于粉刷墙面，可以让房间明亮；用于诸如纺织品的背景衬托则显得被其衬托的色彩明亮。黑色恰恰起了相反的作用，因为它只强化和凸显具有活力和明亮的色彩。倘若背景的设计需要稳重且有深度的色彩，黑色不失为好的选择。为了使物体从视觉上有收缩感，黑色也是在首选之列。

当与其他色彩混合搭配的时候，黑色因其衬托的色彩暗而淡收缩，白色则明亮扩张。这一暗一明在色彩学上叫做背影效应。使用时应考虑其同种色调和装饰图案的次序。

这个素色设计方案的焦点是走廊尽头、白色设计师椅，黑色地板上单排白色瓷砖的运用更加突出了焦点。

左页图

黑色通常被认为是富有魅力的色彩，比如迷你黑色晚礼服和黑色领结，这个墙上的夹棉黑色绸缎覆盖就是遵循了这个潮流，但是相邻墙上的镜子和水晶把手抵消了拥挤感。

灰色 Grey

将黑色与白色混合便得到了灰色。灰色更多的是作为背景使用，而不是主体色彩，与其他色彩搭配时能增加柔和度。在现代设计中，灰色十分流行，而且在很多天然建材中，像石头、石板、木炭都是灰色。

在平衡一些亮色方面，灰色可谓"神通广大"，像亮粉色、呈黄色和绿松石色都可以用灰色调来平衡。它与银、铬、钢铁的色彩很相近，具有暖色调和冷色调的双重性：暖的一面表现在与红色相间，冷的一面则是与蓝色搭配。

上图
灰色给人以安静放松的感觉，但是需要与亮色配合，
以免造成整体阴暗浑浊感。

右页图
浴室和相邻的更衣区采用了灰色搭配白色的陶瓷和
墙壁，这样白色就弥补了仅采用灰色而产生的压抑感。

中性色 Neutrals

中性色作为背景可以显得装饰物明亮，壁纸色彩丰富。燕麦、玉兰、淡褐色、粉笔、羊皮纸都属于这一类，呈现出黄、粉、米色、灰色或蓝色。中性色彩同样有冷暖之分，取决于是和红色黄色搭配还是和蓝色搭配。

左页图
深色木地板、皮垫沙发和护墙板通过白色天花板和侧壁得到了升华，明暗色彩的比例恰好平衡。

色度和色调 Shades and Tones

　　这涉及复色色调和同一种色彩的明暗推移，主要通过增加黑、白、灰来实现。以蓝色为例，在钴元素焰色反应中显现的蓝色中增加些许白色就让蓝色显得柔和多了，添加些灰色就得到了灰暗些的蓝色，加入黑色就成了深蓝色。

上页图
　　精致的图案墙纸给房间带来一抹温暖的素净色彩，房间内装有麦片色地毯和衬垫以及色彩对比不鲜明的饭桌和火炉。

　　房间内的装饰混合了大量色彩，墙上的亮色和暗色
平衡了整体外观，通过混合带有图案的和素色的纺织品，
亮色的强度得以减弱。

色彩族谱

有时候，色彩族谱在色调模板中起到分类的作用。例如，绿色、橙色和棕色属于黄色的衍生色，因为它们之间有可比性。

要扩充色彩模板或者色彩种类，你需要原色（红、黄、蓝）、间色（绿、橙、紫）、明暗色（黑、白、灰）和其他色彩。这样调出来的色彩才会具有深度、多样性和情调。

右页图
给门刷上蓝色的底色后，整个储存空间也变得焕然一新。

对比色 Accent Colors

在装饰术语里，主色调应当是占据整体布局的最大比例或使用量最多的色调；从属色彩则占据的比例较小。对比色算是个异类，虽然占据的比例不大，可是极其显眼，因为它们相对于主色调而言，既色彩迥异，又游离于主色调。

在环形色板上面，若两色相距一个圆的直径的距离，那么二者互为对比色。例如，距离黄色色块最远的则是紫色，蓝色对应着橙色，红色对应着绿色。对比色除了反衬的作用外，还有强化主色调的作用。例如，在一间房间里面，墙体的色彩是米黄色，倘若有一面墙或是一个烟囱的表面涂上如巧克力般的棕色，那么米黄色的墙体就会显得白了许多。

上页图
中性色调是混合图案或材质优良的背景色，此处精致的薄纱窗帘、表面带有花纹的添布绣靠垫以及编织的纺织品具有相同的色调，合在一起就形成了有趣难忘的方案。

右页图
通过使用彩色的加固玻璃板，这个小型的淋浴间看起来令人精力充沛、振奋人心。水盆旁边的花瓶也用了相同的色调。

　　在这个白色的厨房里，防溅台和两个长凳上的座位
均使用了对比色——蓝绿色。使用对比色的地方具有悠
闲感，并能与整体方案很好地融合。

在一间墙体为白色的房间里面，几乎任何色彩都能成为其对比色，但需要注意的是，色彩反差不能过于明显，否则会让屋内的家具和装饰显得格格不入。就此而言，你可以用布来遮掩，比如斜格软呢装饰品或者是带有图案的纺织品。将季节性的植物或者花卉用玻璃或陶瓷容器装上后摆放也是可以的。

其实，色彩的选择搭配是仁者见仁、智者见智。有些人认为朴素的色彩看起来清爽明快，另一部分人则认为这样很亮堂；反过来，深色彩让人觉得不适，甚至会导致自闭忧郁症的发生。因此，色彩的选择是没有固定标准的。

房间里的色彩 Color in a Room

客厅一般配有中性色彩或白色的家具，相比之下，装饰物和艺术品多运用鲜艳的纯色调，毕竟客厅是会客的地方，应尽量满足他人的品位和要求。

另一个在居家里面常见到的就是共享模式。这种方案将不同的风格和不同的色彩偏好融合在一起，形成一个让居住空间内两个或更多人可以接受的简单方案。共享调色板虽然很难制作，但会带来意想不到的有趣的混合效果。

另一些人在设计的时候倾向于时尚色彩元素，装扮得像杂志里面布置的那样。时尚调色板不断变化，需要定期更新。

右页图
在这个中性色调占主导的方案中，橙色的椅子和插有中国灯笼花的花瓶极具冲击力。一点点亮色就可以产生极好的效果。

最后，使不同类型的物体、布料、家具、纺织品依据相同或者相似的色彩相互作用，形成混合模式，从视觉上看起来很整齐。例如，红与黑这样浓重些的色彩会带来一种民族风，比如悬挂物、艺术品、壁画等等，以此作背景时，应该使每一件物品的色彩都显眼，而不是仅仅突出房间整体。

对于厨房和起居一体化的房间，因其双重性，可以进行一些设置，使功能区之间看起来有一条隐形的分割线。这种效果往往通过色彩来实现。

　　虽然这个房间采用了中性轻松的方案，但是因为油漆和针织品都围绕着一种色调——棕色，整体的外观也很有趣味。

　　如果你的客厅是一个分割的区域，那么来一个大的改变就很容易了。依据用途，用来会客聚餐的房间大可装饰得华丽一些，与蜡白的灯光、透亮的玻璃、银器和古典的白色陶瓷形成互补。

　　卧室一般会运用安静柔和的色调，比如淡紫色、浅桃色或者灰绿色，各人可根据自己的口味与风格选择。引人注目的红色卧室很有闺房的感觉；另一些卧室则是深沉的黑色、深蓝或者深紫色。

上图
　　法国乡村的这座房子的卧室主要运用了白色，在炎热的夏日显得凉爽清新，但是白色的罩布和外表容易弄脏，因此选择白色物品作装饰时，要确保它们易于拆卸清洗。

右页图
　　琥珀色的墙增强了浴室的颓废感，方案中的亮黄色则给浴室的冷金属面带来了暖意。

如果家里有不止一个卫生间，那么清晨用的洗漱间和淋浴间色彩要清新明亮奔放一些，另一些用作泡澡放松的则要装饰豪华一些，最好带有清香。毛巾和防滑垫的色彩要衬托浴室色调。要是整体色调是白色的，毛巾之类的用品的色彩要深一些，这样我们一眼就能看到。

色彩让我们感到身心愉悦，因此要大胆尝试色彩。你可以把墙涂成浅色的，把房顶设计成深色的；设置一组艳丽的靠垫，配上深色的沙发遮罩，也是可以的。熟能生巧，渐渐地，我们就自信多了。

右页图
蓝色是水的色彩，因此经常用于装饰卫生间。这个小型淋浴间里亮蓝色的运用极具冲击力。

后页图
这个宽阔的卫生间如果只用白色装饰就会显得冷清空旷；添加的黄色基色既保持了原有的清新，又带来了温馨感。

Pattern and Texture

原则 6　图案和质地

保持素色和带图案的外观平衡很重要

　　色彩是装饰方案的一个重要部分，但是在本质上需要与图案和质地联系起来。装有素色实心砖和平整无光织物的房间看起来阴暗呆滞；反过来，搭配花式地毯、上好的装饰和绣有美丽图案的雪绒靠垫的房间就有情调且多元。

　　你会发现不同质感的布料白天在自然光下看起来色彩差不多，但是在人工光照下就大不一样了，这是因为表面漫反射的作用。光滑的丝绸在人工光照下反光明显，看起来光调柔和丝滑；但是雪绒或者深色哔叽羊毛衫则会吸收一部分光，因为表面质感不光滑，照在上面的光线呈漫反射，于是愈发显得物品光泽不佳。这种方法不失为选材的良好标尺。

　　图案搭配平衡与表面质地良好很重要，图案密密麻麻的壁纸、过度花哨的地毯、装饰条纹过多过密会让人觉得眼花，甚至心烦意乱，让大家无法安静；当然近乎一无所有的房间单调乏味，也会让人觉得厌烦。因此，在留有空间和装饰布置之间找到完美平衡很重要。

　　壁纸上的敏感色调和装饰织物可以很好地融合在一起，因为它们在整体上给人一种色彩相似的印象，而不是色彩互补或相反。

左页图
　　灰色、白色和淡紫色构成的柔和调色板通过印花和结构图案增加了趣味。

　　有时候，我们会融合一些花式图案与简洁的几何线条，不过要注意使主体色彩明确，图案搭配要协调。例如，条纹不那么清晰的装饰将壁纸图案弄得鳞次栉比，让整体布局混乱，条纹清晰的装饰可以附在略微有些花样的地毯上。这都需要精细的估测，因为这些都会引起我们的情绪变化。

　　摆放家具时要慎重考虑家具的外形与图案。因为每一个家具的棱角和边框都会影响到下一个家具的摆放。偏圆的家具上面带有大量的圆点会格外突出物件的圆润程度。

　　质地不只有视觉的特性，还应有触感。一个家应当能全面触及我们的感官，从鲜花的香味、蜡烛的芳香到愉悦的色彩和皮肤所触而带来的丝滑。光滑如大理石、柔滑如丝绸、温暖如羊毛衫，这才是温馨的房间所应给予的感受。

　　装饰不在质量有多精良，造价有多昂贵，也许一个遮罩配上几个靠垫就足够柔软温馨了。适当地增加一些反差往往起到意想不到的好效果，例如在绫罗绸缎间穿插着凹凸不平的靠垫，在座椅光滑的边沿处裹上山羊绒之类的物件。这种做法体现出来的是错落有致和形式多样的设计特性。

　　通过剪裁、饰边或缝制填充等工艺可以增加素色装饰品的趣味。

　　左页图
　　表面纹理可能不是那么一目了然，但是它会增加物品的触感，带来别样的趣味。

家里面的大沙发一般用于休息或就坐，有时也会充当孩子们的蹦床。因此，沙发的遮罩要便于清洗，而且材质耐用，特别是浅色彩的遮罩，因为任何一个污点在上面都非常明显。值得注意的是，厚重的织物更容易积累污垢油渍，所以要定期打扫清理。

任何图案，无论清晰度如何，都会对主背景造成遮掩，或者留下些许痕迹。倘若色彩比较模糊，表面的光泽也会因此大打折扣，这样绝大多数的主背景都会有消失的可能。

图案模块并不是布料纺织品等人工材质的专利，它还可以用在很多天然材料上面，比如木材、石头、现代装备，甚至包括混凝土、玻璃、橡胶这样的工业材质。

弹性坐垫的花卉图案重复使用了条纹壁纸的色彩，而靠垫只突出了两种色彩，这显示了怎样成功融合不同的式样和设计。

右页图
木材、粘土砖等自然材料也可以五颜六色。在铺设木地板时，选择与房间色彩互补的色彩，你也可以将现有地板染成或画成更持久的色彩。

　　木材经不住风吹雨淋日晒，很容易变质。通过在表面涂上一层油可以延长它的使用寿命，增加美感。一定要注意，保护层不要太厚，待干了之后可以绘制各式各样的色彩。一般来说，油质木材多用于厨房装饰，而且常用亚麻籽油再度粉刷以延长使用寿命。

　　木材的上色可以选择乳胶，这样会让生长线显得极其明显。海边的房屋或者夏天的时候，地板倾向于使用白色或者白色的色调。木材的使用形态也是多种多样，像实木复合地板就有人字形、花篮形和石砖形。图案亦是如此，人们用不同种色彩的木材，如苍白松、红樱桃木和黑桃花心木，设计出了形式多样的图案。

上图
混凝土通常用于建筑的外部，但是现在在室内设计领域受到越来越多的欢迎。此处的墙面装修运用了各种色调。

左页图
可回收木材通常看起来破旧古老，但是新木材的表面的油漆涂料经过水洗后看起来亦是如此。

专家建议 Expert Advice

皮埃尔·弗雷（Pierre Frey），在纽约、巴黎和伦敦都有过设计项目，www.
pierrefrey.com

装饰房间的时候，图案和质地总是必需的，它们可以增加和彰显个人的喜好和风格魅力。表面平整的印花布需要纹理来增加质地，素色纹理会平衡异国情调的印花布，反之亦然，都可以把最好的功能凸显出来。也有一些人说图案和质地会起到相反的效果。

织物可以引发对一个国家的文化的感觉和品味，例如丰富的提花、绣花丝绸条纹织物用在印度粉、辣椒红、沙黄色色调和如肉桂和辣椒般的香料之中可以使人联想起中东、中亚地区大篷车穿越陆地的情景。

版画往往具有历史意义。例如 du Jouy 地区的印花布使人联想起拿破仑出征埃及时的场景，而引脚最多的黑白海报把人们带到了 20 世纪 50 年代充满节日氛围的意大利。

此外，编织与版画的文化意义同样不容小觑。美洲与北欧地区的印花面料深受 17 世纪印度和远东地区设计的影响。在维多利亚时代，工业革命的发展，使得印花面料在时尚领域的地位大幅度上升；在英格兰地区，棉纺厂如雨后春笋般迅速发展起来。印花机械化为图案布料提供了更为广阔的使用空间。

在东欧和亚洲，印花织物很少出售，这些文化织物犹如珍宝，其特色是将鲜艳的色彩与丰富的丝绸和金子纱混合。随着现代科技的发展，材料更耐磨更耐用，迎合了现代生活方式。

同样，石头可以用在其天然的、亚光或抛光的光滑表面。用诸如大理石和花岗岩这类岩石的抛光和密封面将突出不同色彩的构成和闪亮的元素，像是云母和石英，带有金属斑点，增加了它的魅力和富贵程度。

像混凝土、橡胶这样的现代设计使用的建材同样加入了不同元素种类的质地和表面。浇灌和平滑处理混凝土，使之表面平坦。甚至，它能抛光发亮、进行织纹处理或绘制图案，不受时段的影响。像木板或方形粗麻布以及粗编织袋布这样的模板可以轻轻压入表面并移除，这样混凝土在铸成的时候就保留了谷物或材料的形象。

左页图
因为耐用、不具吸收性，石头被广泛用于卫生间和淋浴间的表面装饰，石头既可以平坦无光泽，也可以打磨成高光来凸显大理石等石头的质地和图案。

　　家庭厨房方面，广受欢迎的是液体乳胶地板，它可以倒在一个预先准备好的光滑表面。它呈现出微妙的光泽，虽然有些软，但很容易清洁，非常耐用。除此之外，光滑橡胶地砖、橡胶铺面板同样很耐磨，多用在浴室、频繁有人出入的走廊和娱乐场所。在一些尖端的行业，高阻橡胶表面带有一些圆环，很像光盘的图案，为单色的浴室设计增添了一些情调。

　　暴露在外的砌砖可以成为一个房间的焦点，但是需
要用柔软处理和互补色调均衡其粗糙的不规则表面。

这个鲜艳的漆布地板增添了卫生间的色彩，且具有防水和耐用的特性，因此非常实用。

左页图
素色的石头或混凝土地板是与花园相连区域的理想选择，因为它们不会被泥靴或邋遢的宠物弄脏，如果这是一个休息空间，那么地热将会带来更多愉悦感。

Mood Boards and Budgets

原则 7　情绪板和预算

收集材料样本，核实预算

　　做完了空间的评估、使用功能的确定、风格的设计与色彩和质地的工序之后，现在该是把所有的信息进行整合，并作决定的时候了。专业设计师和室内装饰师会使用一种叫做情绪板的物件；这是一张白色卡或一个如苍白脸色的公告板，上面呈现出满是灵感的图片和可以搭配的样品。

　　你需要从目录、网页、布样上收集椅子和灯饰的图片，以及彩色涂料、墙纸和室内装饰材料的样品。别忘了细节、修饰、彩色穗带和窗帘挂钩，它们都是最终方案的组成部分。

　　在每一个你装饰和配置所有相关材料的房间旁边准备一个单独的情绪板。先把图片家具项目下的装饰织物列出来。布块的大小取决于情绪版上的大头针，用它来估算比例范围，决定使用方式。

　　例如，如果你为大窗户配置落地窗帘，然后把一个已经选好的大样本的材料放上去。你可以在木制餐椅的座位上使用少量纺织物，把较小的一块面料放在上面。

　　有时墙纸与织物的完美搭配不仅仅造就一件杰作。相似的、或明亮、或暗色的方案到底哪一个好，你需要通过一个接一个地检验各种选择方案才能得知。

　　左页图
　　将你喜欢的或者带给你灵感的物品的图片、色板和样本收集起来，然后将它们进行混合搭配，然后选出你认为色彩与图案、触感与平滑度、明暗对比都平衡的那一种搭配。

这会在平衡色彩和质地方面给你一个整体构思。

　　与彩色涂料直接涂抹在板上不同的是，创建一个样本大小的绘制样品只需要一张纸，可随时增删。在一张纸上面，你可以随意调配色调，任意创建风格，直到调试到你称心如意的时候为止，这很大程度回避了我们害怕犯错误的心理。

　　你会发现，在图案和平面、原色与三次色之间寻求平衡的时候，你会与周围的事物进行一定程度的交换。也许你认为心目中最理想的座椅罩材质比窗帘布更好，反之亦然。这一微妙过程中的一个重要部分是创造一个成功的方案。

　　将物品合在一起，检查它们是否融合，然后问自己问题，比如蓝色调和黄色调搭配吗？已有的棕色靠垫与我发现的新的黄白窗帘布协调吗？

　　左页图
　　牛仔布经常用于服装，但是它也可用于室内装饰，有时一个意想不到的元素会给方案带来新颖刺激的转变。

　　当你为情绪板上呈现的内容感到欣慰的时候，说明设计大功告成，接下来就该算一算需要花多少钱了。检查织物的大小需要较大的空间，如窗帘或百叶窗，如果你所拥有的家具装饰有些特殊，或者重量更大，一样会有如此开销。计算价格应考虑如壁纸、油漆、地毯、衬垫物，以及所需的装饰劳动费用之类的开销。只要你的预算合适就很好，如果太高，你需要回头看自己的选择，看哪里可以节省费用。

左页图
　　有时某物品的大量运用会形成极好的背景，单一的昂贵玻璃瓶就不具有这样的效果，而一打廉价的玻璃杯排列组合，会带来明显的视觉冲击。

　　你可以通过互联网搜索或等待促销的方式找到相似但更便宜的材料，或者你可能需要把重点放在 1 个或 2 个特殊项目上面，用不太昂贵的物品代替更昂贵的物品。这项交易广泛应用于设计中，我们往往着手于终极系列家具，在这里和那里修饰一下，或寻找一个替代版本。有时二手货或旧货也是有用的。对一个椅子进行改装实验，把沙发按照自己的意愿重新装置，相比一个商店里面出售的成品，你可以节省近一半的价格。

右页图
旧篮子和古老的瓷器等装饰品会对简单便宜的装饰方案起到提升作用；最好在开支许可的范围内简单装饰，而不是过度花费，而导致其他房间无法装饰。

专家建议 Expert Advice

塔拉·贝纳德 (Tara Bernerd)，伦敦 Target Living, http://
tarabernerd.com/blog/, www.targetliving.com

设计是一个过程，虽然源于创造，但是具有组织性和一套准
则。你想坚持目标，坚持这些组织性的准则非常重要。对于计划，
要果断决策，并付诸行动，因为这在预算之内是最可靠的方式。
很多人在想法付诸实践了一半或者开始无计划地设计的时候改变
了初衷，这是最致命的错误。

为了帮助决策，你可以做一个练习，确保你不会后来再说："我
真希望我早能明白……"务必做好调查。这有许多方法；可以在
设计杂志上收集最新产品、有趣的功能和（或）令人心动的室内
设计。我还发现，去大超市和去家具城看家具所花费的时间是无
价的；看的东西越多，积累的想法就越多。

收集材料样本、织物等都是重要的。这一系列样品聚集起来
就成了交易中的情绪板。

将所有信息编织在一起的最佳途径是看它的布局结合和你的
房间的使用方式。设定一个特定的区域，即便没有重大建筑工程，
首先要考虑空间的形状是否可以摆放家具，然后看看在规格和数
量需要多少面积等。这会让你对成本有一个大体了解，从而在最
初的项目中得到预算、风格和概念。

时间因素同样要考虑，你无需一次购置齐全，因此在几个月内将费用花完即可。从基础到装饰的墙壁，到地板和窗户饰品选择，你需要更长的时间用来采购或装饰家具、挑选配饰。

同样是时间问题，表现在有些东西需要订购和运送。你可能想要装饰一个特定织物的新沙发，但是获得织物可能需要三四周的时间，进行装饰可能需要六到八周，虽然三个月后你才需要支付押金或最后付款。用这种方法你就能有效控制你的银行账户余额。

使用一些有特色或者带有图案的织物会获得持久的效果，因此无需装饰太多。在这个单色方案中，椅子上带有华丽图案的布套和印花窗帘抵消了白墙的平整度。

右页图
带有花卉的织物是一种奢侈的时尚产品，但是平整的窗帘的深处以及靠垫的前部简单地使用了花卉织物。在不超支的情况下，有很多享受奢华材料的方式。

Focal Points and Features

原则 8　焦点和特点

焦点就是最吸引眼球的地方

　　焦点就是人们一进入房间眼球就被吸引的地方，可能是壁炉和白炽灯罩，也可能是精美的图画和窗外迷人的景色。总之，这关乎到你对房间里物品的印象或者家具摆放方式。

　　例如一间有壁炉的房间，周围一般会放有椅子，这样人们谈话的时候可以享受这种惬意温暖的氛围。壁炉上方墙上悬挂的图画或镜子则会吸引人们的目光。

　　如果壁炉上方需要悬挂一面镜子的话，一定要确定镜框与下方的风格要完全融合。如果壁炉台是白色的大理石，那么镜框可以选择古典优雅一些的；如果壁炉是镀金或者经过华丽雕刻的，镜框依然可以选择上述的做法。总之，二者大同小异。

　　好的结构使一幅图成为房间的焦点。豪华的半身塑像周围的经典装饰是镀金的结构物，通过平整的或彩色的图片和夺目的黑色框架可以放大凸显小型图画。

左页图
　　整齐度非常重要。此处，通过将桌子与天花板吊灯置于中心，使之位于窗户的正中间，形成了房间的焦点。

185

火炉或壁炉一直是客厅的焦点，最早的就是一堆原木和火焰，如今它已经变得越来越复杂，从装着煤的铁篮到由地幔环绕的余烬。甚至一些高档的现代居室里，可以将毛绒和凝胶剂仿真而成的火焰置于废弃的器具里，从而达到一样的效果，看起来就像一幅有着钢框架相框的画悬挂在墙上。

如果拥有窗外景色的房间特别有吸引力，那么椅子和沙发可以摆放在与窗口相对的位置，但这取决于房间的空间和形状及其用途。如果你有一个特别有趣的椅子，也许是一个古董或是一个著名的现代化设计，如汤姆·狄克逊（Tom Dixon）设计的S椅、朗·阿列德（Ron Arad）的Rover椅或勒·柯布西耶的躺椅，把它靠近窗户或放在窗户旁边，就显得引人注目了。

右页图
一系列组件形成了这个房间的焦点——暗淡的木橱柜与灰墙形成鲜明对比，地毯是唯一带有图案的部分，也是房间的中心，橱柜的正前方是经过布置的躺椅。这是一个你不应错过的方案。

椅子和沙发的摆放应方便邀请和引领人们在此聚会。避免一条线摆放，否则空间感觉像一个候车室的座位。如果因为多于两个的门打开了而影响进出房间，不妨尝试 L 型的沙发，单椅的组合安排，使它们既不阻碍视觉又不影响进进出出。如果焦点是风景，不要把高背椅子摆放在窗前，应留下些空间，让眼睛在观赏景致时不受影响。

右页图
鲜亮的色彩与引人注目的画作使壁炉腔和壁炉成为房间的焦点。

你的房间可能缺乏明显的或现有的焦点，比如壁炉。但你可以在墙上悬挂一面镜子或者尺寸合适、色彩缤纷的图画，或把架子或书架上一些有趣的和精心挑选的物品进行排列，来创意一个形象。

另一种布置是一组四个黑白照片，周围环绕着黑色的框架，可以用来作为一个焦点，放在纯白色的墙上，这些都让人印象深刻。聚光灯下的艺术品，会吸引人的注意力。

一组相似的物体，比如这里圆形的镜子，可以给走廊和门厅增添魅力。

左页图
安装在墙上的架子为照片和图片提供了有力支撑，能够在不损坏墙面的情况下更换和移动它们。

专家建议 Expert Advice

蒂姆·戈斯林（Tim Gosling BIDA），伦敦戈斯林（Gosling）市场总监、家具设计师，www.gosling.com

在创建、突出特色或房间里的焦点时，我以评估和了解位置创造为突破口。这涉及在此期间的国际流行趋势和这种风格出现时期的国际流行趋势。

例如我家的房子建于 1787 年，当时罗伯特·亚当的设计灵感来自于古罗马和欧洲大旅行以及期间由年轻绅士主导的中东地区，所有这一切都对 18 世纪的房屋装修风格产生了巨大影响。

通过大量借鉴装饰参考文献，我选择在书房里设计一个飞檐和在客厅里添加装饰楣。我还设计了一对 6 英尺的石膏支柱用来强调高度，形成镶有嵌板的门，使它们成为房间的亮点。

我觉得完全对称是很重要的，因为它不仅带来强大的平衡感，也可以应用在炉壁、门框或窗框的设计中。因此，房间在这方面的特点常出现在我的作品中——特别是椅子、餐桌、沙发等。有意思的是，如果规模和大小不同，由此设计出的效果也是不同的。质量是另一个关键要素，特别是该物品、家具充当房间的焦点或特色的时候。

当代设计师使用的另一个物品是一对平行的架子，可以在上面摆放图片而不是将图片直接挂在墙上。图片的大小可能会有所不同，可以重叠，但是，因为它们摆放在架子上，所以重新排列、改变它们的位置就很容易，而且也不会留下标记，墙上也不会留有钉孔的痕迹。

现代化公寓的墙壁往往以玻璃为主，因此很难找到空间来悬挂图画或安装架子，所以一块独立的雕塑足以成为焦点，由此吸引人们的注意力，这样就锁定了房间的重心，不至于让人觉得不知道整个房间想要设计成什么样子。

如果一个房间内有两到三面玻璃墙，可以直接在窗户前面放一个大小合适的雕塑，无论其材料是金属、木材还是石头，因为还可以从房间的其他玻璃墙欣赏景致，但是不要把所有的墙面都挡住，至少要留出一半的空间。

这个时髦的像天花板一样悬挂在半空中的烤火炉在任何一个房间里都绝对是焦点。

左页图
高高的窗户和窗外的绿叶是这个小房间的焦点，窗前有长条座椅，人们可以坐在上面，在厨房里就可将窗外的风景一览无余。

　　焦点并不是必须在墙壁上。在一个大房间中，地毯或垫子与周围的沙发和椅子同样可以成为视觉焦点，一样适用于照明集中的那部分空间。

　　一个房间里的其他功能包括建筑线条或头饰、梁柱和镶嵌式的门框，所有这些都可以凸显出来，使之充满情趣、富有情调。这样的方式将提高或进一步强调房间的焦点。例如，如果房间里的焦点是它上面一个优雅的浅灰色大理石壁炉和烟囱腔，其余的房间里面，墙壁的装饰就可以是丰富的普鲁士蓝，通过绘制踢脚板和檐口，在墙的顶部和底部形成灰白色的平行边界，以此把人的目光引向壁炉。

虽然墙上的色彩是一个焦点，但是下面低矮的橱柜
和两边的配对椅子更加突出了焦点。

　　如果在一个房间内，透过窗户可以见到窗外的风景很美，那么最好装饰框镶板百叶窗而非窗帘，插入嵌板可以用一个比其他的百叶窗较暗或较亮的色调，让人感觉其有深度而富有情趣，不分散注意力。如果你身边有这样的窗户，选择使用窗帘和创建一个框架的窗帘盒，但窗帘应绑住，以免影响视线，另外窗帘盒不能超过窗户的顶部。

右页图
为确保壁炉上方的油漆色彩和纹理成为房间的焦点，
需要用中性色调的织物将一边柜子里的物品遮住。

在一个华丽风格的房间里，为了使其天花板中心的玫瑰图案更精细，装饰檐口石膏作品可以选取金色的叶子。这样镜子的镀金框得到光照之后反射到其他地方，可以增光添彩。在这样的情况下，你需要确保灰泥天花板的质量足够高并且维修要及时。在镀金时要细致微妙而不必太显眼，因为你不大可能使人们关注的焦点聚焦在天花板上。

虽然这张装饰性的桌子本身非常吸引眼球，但是放上高烛台使整体效果加倍，这是因为当你走进房间时，虽然桌子很低，但高烛台正好与你的视线平行。

左页图
有时房间只需要一件引人注目的艺术品或雕塑。此处华丽的珊瑚白镜框与暗苔绿墙壁的对比瞬间营造出视觉冲击效果。

Display and Storage

原则 9　陈列和收纳

二者就是一回事

陈列和收纳可以合二为一，因为在一些实例中，两个目标成为一体。在一间餐厅，闪闪发光的酒杯架子将是一个有吸引力的装饰部分，但也将提供一个收纳并存储它们的实用方式。在厨房里，一个食具柜或板架用于展示陶瓷或餐具的集合，但也意味着它们触手可得并方便使用。

摆放和陈列物品的地方要加以装饰，来增强与物品的对比。例如，一个集合了蓝色和白色的柳树图案的陶瓷让人印象深刻，倘若显示的背景画设计是使用更亮色调的蓝色，而不是用奶油或其他有色可稀释的蓝色，色调自然就靓丽多了。

纯白色或黑色的货架会增添整体感，色彩和图案不同，呈现的效果也就不同。将玻璃货架上的彩色玻璃花瓶和碗放在一起就很合适，特别是再配置上几个 LED 灯或功能灯，这样一来玻璃看起来便熠熠发光。

玻璃与水晶物体非常有吸引力，因为它们不会给布局增加空间，同时又会散发闪亮的光。

左页图
储藏室不用非得是毫无趣味，此处这排装饰抽屉是更衣室的一大亮点。

205

这个家庭办公储藏室的设计旨在留有开放的空间，
方便出入，并有序排列，而其他封闭空间则会使杂乱无
趣的文件远离人们的视野。

右页图
符合建筑规则的书架和摆放整齐的书籍显示了陈列
怎样成为整体设计方案的一部分。

　　如果装饰性的物品不被使用，可以存放在带有可移动玻璃的橱柜或壁橱中，以免因为大量附着灰尘而黯然失色。一些金属和银器很容易褪色，但如果存放在密闭的环境中则能延缓其褪色，易碎的物体也要如此。放在玻璃壁橱里面会更安全，因为这样可以避免其被随意拿走，也减小了被碰碎的可能性。

　　如何摆放得错落有致、搭配合理十分必要。在外观设计方面，为了使之更有趣，不妨选择奇数组，物件不必使用太大，三个、五个、七个小物体的组成要优于两个或四个的组成。另外，尽量安排不同大小的物体，将眼睛引领到一个特定的高点。你还可以分层陈列，这样较大较深的作品作为背景，把更小更轻的彩色物品放在前面。或者在深色的书架上，书籍同样能放置在后面，而书架前面的剩余空间可用于摆放照片和小饰物。

右页图
　　楼梯下面的空间通常被空置浪费，但是这个靠窗座位不但提供了坐的地方，其基座还包含两个储藏柜。

在现代简约的房间里，你可能希望存储几个精心挑选的物品。依照东方习俗，家庭的珍贵文物和财产都存在墙上的一个壁龛内。每件物品可以依次取出并在合适的位置单独摆放，这样既充满美感，又不影响对其他物品的欣赏。需要突出的东西必须是高品质和真有价值，因为这样才会吸引人们的注意力，不至于被冷落。

你可以将想凸显的物品放在垫子上或色彩鲜明的背景中。例如，一组细致亮白的瓷花瓶在以浅色为背景的房间中不易被察觉，相反把其置于红色或色彩鲜艳的垫子上就会立刻变得醒目了。

右页图
废弃不用的炉腔可以用于装一组嵌入式架子。这组架子的木制外缘与白墙和视觉范围内的物体形成了对比。

像玻璃这样的透明装饰物的摆放应尽量与背景形成对比，比如可以置于色彩不一的背景中，或可以通过镜子反射，既能达到对比的效果，又能使玻璃在接受折射的自然光线后绽放亮丽的光彩。

在将暗色的物体放置在色彩较深的墙上时，为了彰显物体，照明是一个非常有用的工具。玻璃和瓷器以及画作和艺术品在光照下能聚焦视线，使用电工作灯就可以了。

在一个房间里，任何装饰和陈列的物品都必须保持原有的样态，于是经常清洗和除尘显得很有必要。清洗的时候不一定非要物体位于原处。放回物品时，可以尝试着变换位置或组合方式，这将改变房间原有的外观，引起人们对其他物件或小饰品的关注。

右图
图片不用采用呆板的行列式摆法；随机摆放大小不一的图片和物体形成了墙上的拼布图案。

左页图
摆放装饰性的玻璃艺术品时，最好在其周围留出空间，以便可以从不同的角度观赏艺术品。无论是自然光还是特殊的聚光灯都会突显玻璃艺术品的内在美和色彩。

专家建议 Expert Advice

罗伯特和康尼·诺沃格拉茨 (Robert and Cortney Novogratz)，纽约诺沃格拉茨设计事务所兼电视节目主持人，www.thenovogratz.com

收纳始终是我们参与任何室内设计项目的重要组成部分，因为杂乱通常使你精心设计而成的优雅而又实用的房间变得不堪入目。

一个收藏必备品的地方很是必要，这样物品既能触手可及，又不在你的视线范围内。不再混乱的房间会立刻变得更宽敞，外观更时尚。我们提倡使用大容量的壁橱来容纳像玩具一类的物品，这样孩子需要时自己就可以拿到，不用时又容易存放。

关于陈列，配饰和艺术品为室内装饰的首要选择。我们还要将新潮艺术展品的选取列在计划的陈列橱窗里，这些艺术品可以是艺术摄影、油画、雕塑或者多媒体图像。

只要从世界各地的艺术品中任意选取一种，无论是成熟的还是新兴的，都可以瞬间使你的空间焕然一新；装饰物也一样，可以用色彩来吸引注意力，或采用一个蕴涵古老韵味的作品作为焦点，甚至使用一些新奇的东西点缀你的房间，使其独具匠心。

最佳的陈列模式往往最容易被忽视，特别是涉及家具的时候，合适的搭配备受追捧。例如在壁炉的两侧安放对称的两个台桌，或一对装饰性的洛可可式座椅，就宛如两个敬礼的门卫在把守，这就是维持平衡的一种方案。

图片和照片的陈列本身是一门艺术。将同样大小的图片进行分组，看起来更有效，更赏心悦目。比起千篇一律的整体样式，这样不会使眼睛过于疲劳。一般的图片应该悬挂在与眼睛处在同一水平线的地方，便于观看。同理，类似的主题或色彩多排列在一起，如风景图或水墨画。

走廊的架子后面是镜子，其不仅仅具有反光的作用，还能让人们无需近距离接触就可以全方位地观赏摆放在那里的小物件。

右页图
架子本身也可以很有吸引力。此处的物品相对简单，但是与众不同的阶梯和支架使它们独具一格。

　　不透明玻璃或毛玻璃用于遮挡橱柜里的物品，相反，实心门就会显得十分笨重。

左页图
　　一些储藏室的好处是没有特色；这个嵌入式的衣柜的门用房间里的壁纸覆盖，几乎看不见它的存在。

　　收纳是家庭的一个非常重要的特征，但是，特别是对于那些非装饰性物品，这样的存储最好放在大家不容易看见的地方。大的文件、冬季无袖套衫和多余的羽绒被应放在橱柜里和厚实的门或床底下的拉链袋里，用帷幔掩盖。

　　小而缺乏吸引力的物品，可以储存在盒子里，盒子简单一些即可，想看的时候再拿出来，不想看的时候就放起来，什么都不影响。

　　如果摆放得当，日常厨房用具也可以引人注目。经常使用的物品最好放在开放式架子上，这样才能触手可得。

左页图
　　这个带有书架的楼梯创造了一种开放便捷的图书馆的感觉，利用了不易使用的空间。楼梯上的灯光点亮了整个布局。

　　笨重的织物物品，如一个冬季床头板盖和帷幔，夏天的窗帘或季节性坐垫套，可存储在真空包装袋当中。这种材质的厚袋子设有气门，装进织物或垫子套拉上拉链后，里面多余的空气可以被挤压出去，这样就大大减少了厚袋子的体积。

　　为了防止存储的衣服和布料被飞蛾所损坏，不妨使用涂雪松木或樟脑球作为除虫剂，并在叠放整齐之前确保干净无异物，以避免引来虫子。

　　在这个狭小空间的屋顶周围附加的书架呈带状，长椅方便人们从高高的书架上选书。

左页图

摆放整齐的衣物更方便挑选和保存。此处有不同高度的储物柜：一些用于存放长外套，另一部分用于存放短外套，稍低的部分用于存放叠好的裤子，每一个空间用于容纳特定型号和类型的衣服。

Accessorising

原则 10　配饰

配饰是整个房间装饰的最后一步

　　配饰是房间的最后的元素，重量轻，可移动性强，如垫子、球、宽松的椅套、灯罩、花瓶和工艺品以及较轻的窗帘。

　　这些软家具经常用来给房间增加亮点或用来增强色彩和纹理，但数量不宜太多，否则会增加负担，其用料多为特殊或昂贵的织物。有的时候你可以使用少量昂贵的手工编织，用绣满图案的丝绸作为装饰，一般在背面都会使用一定数量的棉花。有的时候会把所有的工作统统简单化，例如装饰整齐划一，不需要过十多姿多彩。

　　最近一段时间，随着季节更替，室内装饰品越来越成为一种流行趋势，如在边框和窗帘上面添加反映对比或协调的提花。这是因为软家具越来越便宜，越来越容易购买。准备两套防扩散磨损的材料，一个用于使用，而另一个用来做修补时或清洗时的替换。

　　这个亮色条纹地毯给纯白色的房间增添了图案和色彩，并且可以根据季节变化，换成更鲜艳的宝石色地毯。

左页图
装饰物用于给房间装饰方案形成对比，带来纹理和触感。

　　在夏季／冬季或春季／秋季当中更改选择一套折中计划，工作量较大，多用于固定的软垫家具和主墙的色彩。然后选择一个基本的"色谱"，应用到大范围的其他图案和面料色彩搭配中。最后，在明暗的调色板上集中两种截然不同的季节性外观。

　　冬季，你可能选用厚重的深绿色天鹅绒窗帘，到了夏季便要更换成质轻的薄荷绿色薄纱窗帘。冬季时选用的靠垫套可以是赭石色、金色的绒织物，舒服的棕色或橙色毛毡和羊毛状织物。而到了夏天，选择鲜艳的有柑橘色调的亚麻布和棉布。

　　若直立式餐椅带有可拆洗棉质或粗呢外套，便会给家庭使用提供方便，但这也可能是季节性方案的一部分。整体布置可采用新鲜的亚麻米黄色或者玫瑰米黄，代表有充沛的阳光的季节，绒布的可可色代表深秋。如果你未能提前筹备计划，或室内装饰品没有使用而又没有地方存放时，你可以尝试一下有双面料外罩的靠垫或窗帘，再遇到这样的情况，只要把面翻过来，和周围环境的色彩搭配一下，问题就解决了。

　　这套红色玻璃器皿与悬挂在墙上的艺术品上的红线
相呼应，红色也成为素色方案的焦点。

　　无论是你选择的色彩多么独特，还是你要临时作出选择，在各种色彩的玻璃和瓷器中总是可以寻觅到一个匹配你计划的色彩。

　　在你的房间里面摆放丰富多彩的瓷器和玻璃会增加视觉刺激，可以突出或强调色调。例如，在一个以灰色为主的客厅，花瓶或陶瓷碗的主色会成为人们关注的焦点。对一个米色的墙壁上的架子，一批品质极佳的装饰品和镀金的瓷器人物或船只会很耀眼。但使用起来必须适可而止，否则你的房间看起来和旧货店没什么两样。

左页图
　　如果你的窗外没有美丽的景观，一套玻璃制品可以给窗户带来色彩和趣味，且不会阻挡视线。

下页图
　　装饰品可以改变一个简单的房间，此处的天鹅绒衬垫床头板用于挂衣架的背景，卫生间旁边华丽的镀金镜子和带有玻璃滴的壁灯透露出富贵奢华。

专家建议 Expert Advice

罗密欧·索兹 (Romeo Sozzi)，Promemoria 设计公司设计师兼首席执行官（米兰、伦敦、巴黎、纽约和莫斯科），www.promemoria.com

我的目的是创造一种氛围，人人在这里都可以感受到舒适、安详，都可以找到属于自己的空间。配饰往往比家具本身更重要，因为它们展示一个人的性格。

触觉方面，例如由青铜或穆拉诺玻璃制成的雕塑，营造反射光的效果，让触觉更加有趣。这些小细节提醒我们创意和制造过程中的一个重要组成部分——工艺和技能。这同样适用于覆盖着皮革的墙壁、木地板，细节和质量促成了房间整体的乐趣和享受。

精装的家具的必备素质：舒适性、原创性和和谐。配饰不仅仅来自愿望，还来自梦想。

许多人不喜欢他们的床头上面挂上画或镜子。装饰床头、檐篷或帷幔可作为装饰物点亮一个原本普通的房间。可拆分的床头罩是可以使用季节性色彩和图案的另一个区域，在冬天时使用暖色调的床罩，在春天和夏天时选用浅亮色的床罩。配套的帷幔、遮盖床基和床腿的织物，能够帮助完成设计方案。

虽然帷幔色彩较少，但它对落实设计方案却有着不小的作用。例如，一个暗色的帷幔，配上白色或浅色的床单，铺在一张床的底部，这样使床看起来更坚固地立在地板上。

床罩等有用的配饰有助于打破大片的白色或素色床上用品的色调，尤其是在一个房间一张双人床或特大号床占主导地位的时候。床头垫或地毯的小饰物铺在卧室的木地板上，它们不仅在你上下床时为你的双脚提供了柔软温暖的地方，还为房间增添了一抹亮丽的色彩。

窗帘系带和流苏等细节都会帮助点亮并完善房间的整体外观。

右页图
引人注目的床头板可以成为装饰简单的房间里的一个亮点。散乱放置的靠垫运用了各种灰色调。

浴室里的毛巾是最通用的配饰，如果浴缸和背景砖是白色或
单一的色彩，此时用原色或对比色的毛巾作衬托不失为一个重要
的特色。例如白色的镀铬浴室中，一条黑色毛巾便会格外醒目，
或在淡蓝色的浴室中，深蓝色的毛巾和浴垫会带来清爽的感觉，
还会添加一些清新的元素。

上页图

这个印度风格的宽敞卧室使用纱丽作窗帘和薄纱；
透过此种色彩的薄纱窗帘，投进来的光亮呈阳光般的金
黄色。窗户之间悬挂着带有框架的廉价丝网版画。

左图

陶器和瓷器上有许多色调，可以凸显地毯、窗帘织
物或靠垫布罩上的色彩。

右页图

素色地毯和黑边靠垫给这个简单装饰的房间增添了
一些图案元素和趣味。

Checklists

备忘录

准备一个专用笔记本

前　言

研究调查、理清思路之后再开始：

1. 准备一个专用的笔记本或文件夹，记下你在装修测量房间的相关数据，记下你的预算支出，所需涂料色彩，布料材质，存好票据等等。

2. 测量你的房间，特别是要安装窗帘或百叶窗的窗户。请确保测量准确，从窗帘杆或轨道触及的地方，一直到窗台或地板上。这取决于你对长度的需求。

3. 请注意特殊的特征，像是暖气片安装的位置，门的推拉方向都会阻碍窗户的开关，门的推拉还会影响地毯的选择，比如，地毯的毛绒太厚，可能会阻碍门的开关，到时候可能只有截去门下端的一部分才行。

4. 从书籍、杂志、报刊、网页上寻找灵感，将合适的家具样式、色彩、风格以及纺织品样式进行影印或将其所在页撕下来。然后为它们建一个文件夹或装在盒子里。

5. 出入各种商店，与店家或顾客谈论家居风格样式，从中会发现设计师或制造商能帮助你获得想法与灵感，从而决定买什么外观的产品，这都对最后作出的决定有很大帮助。

原则 1　目的和功能

1. 考虑房间的使用频率及使用最频繁的时间段（比如，每天，只是晚上，一周一次）

2. 使用者是谁（比如儿童，家庭雇工）？

3. 房间是不是招待客人的正式场所？如果是，会不会影响整体风格和外观？

4. 房间是否不只有一种功能（客厅和办公室兼具）？同一房间内的这些功能是否需要分开？

5. 房间是通往房屋或公寓其他部分的过道（比如连着主卧的卫生间或餐厅里的厨房）吗？

原则 2　风格

1. 是否存在你特别想模仿的时代风格（比如装饰艺术风格）？

2. 你的家具是否具有特殊的风格或者家具是否能够体现特殊的风格？

3. 你喜欢将外观方案折中还是始终如一地坚持原有方案？

4. 房间内是否有物体（油画、雕塑、家具）能够定义或体现你想要的居住空间风格？

5. 和你住在同一空间的人对装饰品有不同的观点吗？

原则 3　空间和形状

1. 你想要多大的装修空间？

2. 你想让小空间看起来大一些吗？

3. 你想让大空间看起来更温馨或者在大空间内开设小空间吗？

4. 如何有效利用现有的家具？需要处理一些家具后并用新的代替吗？

5. 若房间形状不规则（比如圆形墙），如何有效利用空间？

原则 4　光照

1. 房间一天内能照进多少自然光？

2. 如果房间内的自然光很少，那么它的功能要求大量的人造光吗（比如办公室或厨房）？或者是需要柔和的光（比如卧室）？

3. 如果房间不只具有一种功能（比如厨房／客厅），你需要同时配置较亮和较暗的照明吗？

4. 你想在每一个房间里配置什么样的照明设备或照明组合（比如，天花板吊灯、台灯、落地灯）？

5. 你是否需要突出房间内的油画或壁炉之类的物品？

原则5　色彩

1. 房间的使用方式？更适合靓丽的色彩还是舒适的色彩？房间是否需要变动，例如增加装饰或者粉刷新的色彩？

2. 如果计划装修成某种特定时代的风格，那么有没有与那一时期的装饰相关的色调来帮助你营造时代氛围？

3. 房间昏暗狭小怎么办？如果这样，不妨使用鲜艳的色彩使房间看起来宽敞明亮；如果房间需要温暖舒适一些，使用偏红一些的暖色调或深色彩。

4. 你想让自己或住在一起的人喜欢的色彩成为房间的基色吗？

5. 有一些特定的家具、特定的物品会影响你对色彩的选择，你是否考虑过？如果墙是白色的，或者背景色彩苍白，那么选择色彩浓烈一些的作为衬托不失为最佳选择，就像一幅油画一样，总要深浅搭配，浓淡相容。

6. 你是否考虑过如何在一间房子里面搭配好多种色彩？邻近色？对比色？还是个性独特一些的？

7. 在彩色圆盘里面寻找邻近色和对比色。

8. 你打算随季节变化更换色彩吗？请注意色彩的对比——清新凉爽的夏季色调和温暖舒适的冬季色调。

原则6　图案和质地

1. 什么样的材质搭配起来比较好？考虑其对比度与触感。

2. 你想让家具体现出鲜明感或富有光泽感吗？或者体现一种舒适的气氛。

3. 房间会发挥什么样的作用？是家具容易磨损的家庭房间吗？如果是，请选择带有保护罩的耐用纺织品。

4. 如果你不止使用了一种图案，那么它们相辅相成还是显得拥挤不堪？努力找到平衡，使方案看起来不会过度杂乱。

5. 在纯白色的房间里面来些许点缀会为房间增色不少，这样有助于眼睛适应，不会使视觉疲劳。

原则 7　情绪板和预算

1.你的装饰预算有多少？如果你的预算很灵活，你准备将一些事情拖延等待还是一口气完成？将你能拖延的东西着重标出或者将它们记在"愿望清单"上，放进盒子里，以便在装饰过程中将它们添加或删减。

2.你需要估算以下费用：材料、涂料、运输和专业装修。

3.你有无考虑物品的性价比？对于二手货和风靡一时的物品就要格外考虑。

4.你是否需要二次装修？如果是的话，重点考虑各种因素的先后顺序。

5.参考了杂志上的图片，有了织物和壁纸，你是否设计出了风格情绪版或者感官方案？

6.你是否制定出完工时间表和顺序表？

原则 8　焦点和特点

1.你的房间里面是否有吸引人的独到之处？

2.你的房间里面有无需要避人耳目的地方？

3.当别人进入房间时，你希望他们的第一关注点在哪儿？

4.你想要突出的特色是否易于发现？它是清晰明了还是通过窗前的高背椅来引起你的注意？

5.你是否需要照明来凸显特色或使物品或空间引人注意？

6.房间内有没有能够突出的主色调？

原则9　陈列和收纳

1. 你能否像威尔士梳妆台这样装饰瓷器茶杯或晶莹剔透的水晶酒杯架子，同时陈列与储藏吗？

2. 你如何最大限度地运用光线与色彩来凸显物体？

3. 你的存储间是否独立存在且不显眼？

4. 你的物品分类是否协调？

5. 你的存储是频繁出入的常用存储间，还是一年去不了几次的季节性存储间？

原则10　配饰

1. 你所添加的沙发和椅子坐垫的色彩和纹理是否能够突出沙发或椅子？还是它是素色的，用来降低图案密集、色彩鲜亮的装饰织物的影响？

2. 你希望装饰物与墙壁的色彩或其他元素的色彩协调，还是形成对比？

3. 你是否找到物品排列与杂乱之间的完美的平衡点？

4. 你对物品的分组安排方式如何？背景不同的情况下，如果把眼前的物品零散分开或集合在一起，是不是很有情趣？将其不断组合直到满意为止。

图书在版编目（CIP）数据

室内设计10原则/（英）李著；周瑞婷译. —济南：
山东画报出版社，2013.5
　ISBN 978-7-5474-0906-0

　Ⅰ.①室… Ⅱ.①李…②周… Ⅲ.①室内装饰设计
Ⅳ.①TU238

中国版本图书馆CIP数据核字（2013）第021556号

山东省版权局著作权登记章图字15-2012-142

责任编辑　董明庆　阚　焱
装帧设计　宋晓明
主管部门　山东出版集团有限公司
出版发行　山东画报出版社
　　　　社　　址　济南市经九路胜利大街39号　邮编 250001
　　　　电　　话　总编室（0531）82098470
　　　　　　　　　市场部（0531）82098479　82098476(传真)
　　　　网　　址　http://www.hbcbs.com.cn
　　　　电子信箱　hbcb@sdpress.com.cn
印　　刷　山东临沂新华印刷物流集团
规　　格　160毫米×230毫米
　　　　　17印张　246幅图　45千字
版　　次　2013年5月第1版
印　　次　2013年5月第1次印刷
定　　价　48.00元